JICENG XIAOFANG ANQUAN
SHIYONG SHOUCE

基层消防安全实用手册

王晟　余小平·主编

 上海科学技术出版社

内容提要

本手册是为充分发挥基层消防工作队伍对国家综合性消防救援队伍的补充作用，切实增强人员的消防安全知识，全面防范化解火灾风险，不断提升消防安全管理能力而特别撰写的。手册共包括三大部分，即消防安全常识问答（300个问答）、常见消防安全隐患图解（150例）、重点行业领域火灾风险防范（14类场所）。全书内容简明扼要，图文并茂，具有指导性、实用性和可操作性。

本手册可供消防安全监管部门以及消防救援站和相关从业人员参考。

图书在版编目（CIP）数据

基层消防安全实用手册 / 王晟，余小平主编.
上海 ：上海科学技术出版社，2024. 11. -- ISBN 978-7-5478-6887-4

Ⅰ. D631.6-62

中国国家版本馆CIP数据核字第2024L3N493号

基层消防安全实用手册
王　晟　余小平　主编

上海世纪出版（集团）有限公司
上海 科 学 技 术 出 版 社　出版、发行
（上海市闵行区号景路 159 弄 A 座 9F-10F）
邮政编码 201101　　www.sstp.cn
上海光扬印务有限公司印刷
开本 787 × 1092　1/16　印张 16.5
字数 270 千字
2024 年 11 月第 1 版　2024 年 11 月第 1 次印刷
ISBN 978-7-5478-6887-4/TU・359
定价：98.00 元

EDITORIAL BOARD 本书编委会

PREFACE 前言

　　随着城市化进程的快速发展，各类现实风险和新兴风险叠加耦合，安全事故持续频发，火灾形势更为严峻。分析近年来的火灾形势可以看到，火灾事故在总量上仍是逐年上升，遍布各个领域。随着社会文明的发展进步，市民群众对安全的需求与认知不断提升，城市安全运行的容错率直线下降，社会灾害结果的容忍度急剧降低。这些对城市公共安全治理提出了更高更新的现实要求。

　　为了深入学习贯彻党的二十大及二十届三中全会精神，全面落实"两个根本"（从根本上解决问题、从根本上消除事故隐患）的指示精神，切实提高风险隐患排查整改的质量，切实提升发现问题和解决问题的能力，编者结合工作实践，精准梳理出部分日常消防安全知识常识和常见安全管理问题的解决方案，力求简明易懂，分类整理成篇，系统编制成册。希望有助于基层消防安全管理人员和社会单位安全从业人员等开展自学，提升工作能级，更好地履行岗位职责，共同努力推动城市消防安全治理体系和治理能力建设，以高标准消防安全服务保障经济社会高质量发展。

　　本书内容共分为三大部分，其中，第一部分为消防安全常识问答，共计 300 个问答；第二部分为常见消防安全隐患图解，包括 150 例隐患；第三部分为重点行业领域火灾风险防范，涉及 14 个行业领域。相关案例的选取全部为网上公开内容，目的是让广大读者加深对具体行业领域火灾风险的认知。案例是最好的教科书。事故发生虽然会造成严重后果，但是也能让更多的人从事故中真正汲取教训，避免重蹈覆辙，具有极其重要的警示意义。

火灾事故的发生受到风险、隐患等因素的影响，是有规律的，消除隐患、化解风险、防范火灾既要讲究科学，更要付诸行动。序长至此，长序为呼。希望全社会更加重视安全，关注消防，在日常生产生活中，以精准的防范措施和火灾发生时科学的应急方式，积极应对各类火灾事故风险，真正确保消防安全。

本书的编写和出版，得到了上海市闵行区七宝、虹桥、浦江、华漕、新虹等街镇以及莘庄工业区、闵行经济技术开发区等安全管理部门和单位的大力支持和帮助，在此一并表示衷心的感谢！

由于编者水平有限，书中难免有疏漏和不当之处，敬请批评指正。

编　者

2024 年 9 月

DIRECTORY 目录

重点行业领域火灾风险防范

消防安全常识问答

一、火灾基本常识问答

1. 什么是火？什么是火灾？

火是以释放热量并伴有烟或火焰，或两者兼有为特征的燃烧现象；而火灾则是在时间或空间上失去控制的燃烧。防火就是通过研究火灾机理、规律、特点、影响和过程，采取措施防止火灾发生或限制其影响的活动。

2. 火灾按照燃烧对象的性质可分为哪几类？

按照《火灾分类》（GB/T 4968—2008）的规定，火灾分为 A、B、C、D、E、F 六类。

（1）A 类火灾：固体物质火灾。这种物质通常具有有机物性质，一般在燃烧时能产生灼热的余烬。如木材、棉、毛、麻、纸张等火灾。

（2）B 类火灾：液体或可熔化固体物质火灾。如汽油、煤油、原油、甲醇、乙醇、沥青、石蜡等火灾。

（3）C 类火灾：气体火灾。如煤气、天然气、甲烷、乙烷、氢气、乙炔等火灾。

（4）D 类火灾：金属火灾。如钾、钠、镁、钛、锆、锂等火灾。

（5）E 类火灾：带电火灾。物体带电燃烧的火灾，如变压器等设备的电气火灾等。

（6）F 类火灾：烹饪器具内的烹饪物火灾。如动物油脂或植物油脂火灾。

3. 火灾发展分哪几个阶段？

火灾发展大致可分为初期增长阶段、充分发展阶段和衰减阶段。火灾的初期增长阶段就好比"星星之火"，这时火灾燃烧范围不大，仅限于初始起火点附近。初期发展阶段的火势如果没有得到有效控制和扑灭，那么就将进入充分发展阶段，达到"可以燎原"之势。因此火灾的初期增长阶段是灭火的最佳时机。

4. 什么是燃烧?

所谓燃烧是指可燃物与氧化剂作用发生的放热反应,通常伴有火焰、发光、发烟现象。由于燃烧不完全等原因,会使燃烧产物中混有一些小颗粒,这样就形成了烟。

5. 燃烧的发生需要哪些条件?

燃烧的发生和发展,必须具备三个必要条件,即可燃物、助燃物(氧化剂)和引火源(温度)。当燃烧发生时,上述三个条件必须同时具备,如果有一个条件不具备,那么燃烧就不会发生或者停止发生。

6. 什么是轰燃?

当建筑内火灾持续燃烧一定时间后,燃烧范围不断扩大,温度升高,室内的可燃物在高温的作用下,不断分解释放出可燃气体。当温度达到 400 ~ 600 ℃ 时,室内绝大部分可燃物起火燃烧,这种在限定空间内可燃物的表面全部卷入燃烧的瞬变状态,称为轰燃。

轰燃是室内火灾最显著的特征之一,它标志着室内火灾进入全面发展的猛烈燃烧阶段。

7. 什么是回燃?

回燃是指当室内通风不良、燃烧处于缺氧状态时,由于氧气的引入导致热烟气发生爆炸性或快速燃烧的现象。回燃发生时,室内燃烧气体受膨胀从开口处溢出,在高压冲击波的作用下形成并喷出火球。回燃产生的高温高压和喷出的火球不仅会对人身安全产生极大威胁,还会对建筑物结构本身造成较强的破坏。

8. 什么是闪燃?

闪燃是指可燃液体挥发的蒸气与空气混合达到一定浓度遇明火发生一闪即逝

的燃烧，或者将可燃固体加热到一定温度后，遇明火会发生一闪即灭的燃烧现象。

9. 什么是阴燃?

阴燃是固体燃烧的一种形式，是无可见光的缓慢燃烧，通常产生烟和温度上升等现象，它与有焰燃烧的区别是无火焰，它与无焰燃烧的区别是能热分解出可燃气，因此在一定条件下阴燃可以转换成有焰燃烧。

10. 什么是自燃?

自燃是指可燃物在空气中没有外来火源的作用，靠自热或外热而发生燃烧的现象。根据热源的不同，物质自燃分为自热自燃和受热自燃两种。

11. 常见的哪些物质容易自燃起火?

白磷、煤、堆积的浸油物、赛璐珞、硝化棉、金属硫化物、堆积植物等，都是常见的自燃物品，容易自燃起火。

12. 什么是粉尘爆炸?

粉尘爆炸是指可燃粉尘在受限空间内与空气混合形成的粉尘云，在点火源的作用下，形成的粉尘空气混合物快速燃烧，并引起温度、压力急骤升高的化学反应。

粉尘爆炸多发生在伴有铝粉、锌粉、铝材加工研磨粉、各种塑料粉末、有机合成药品的中间体、小麦粉、糖、木屑、染料、胶木灰、奶粉、茶叶粉末、烟草粉末、煤尘、植物纤维尘等产生的生产加工场所。

13. 热传递有哪些方式?

热传递是指由于温度差引起的能量转移，又称传热。由热力学第二定律可知，凡是有温度差存在时，热就必然从高温处传递到低温处。物体的传热过程分为三种基本传热模式，即热传导、热对流和热辐射。

14. 什么是热传导?

热传导是介质内无宏观运动时的传热现象,其在固体、液体和气体中均可发生,但严格而言,只有在固体中才是纯粹的热传导,而流体即使处于静止状态,其中也会由于温度梯度所造成的密度差而产生自然对流,因此在流体中热对流与热传导同时发生。

15. 什么是热对流?

热对流又称对流传热,指流体中质点发生相对位移而引起的热量传递过程。热对流是热传递的重要形式,它是影响火灾发展的主要因素。

16. 什么是热辐射?

热辐射是指物体由于具有温度而辐射电磁波的现象。一切温度高于绝对零度的物体都能产生热辐射,温度愈高,辐射出的总能量就愈大,短波成分也愈多。热辐射的光谱是连续谱,波长覆盖范围理论上可从 0 直至 ∞(无穷大),一般的热辐射主要靠波长较长的可见光和红外线传播。由于电磁波的传播无需任何介质,因此热辐射是在真空中唯一的传热方式。

17. 火灾中烟气的危害性?

统计表明,火灾中死亡人数中大约 80% 是由于吸入有毒烟气致死的,浓烟才是真正的第一"杀手"。那么火场烟气究竟有哪些危害呢?

(1)高温灼伤人体器官。火灾发生后,火场中燃烧产生的浓烟温度可高达 700 ℃,在灼伤皮肤的同时,吸入体内的高温烟气会灼伤鼻腔、咽喉、器官等,引发窒息从而导致死亡。

(2)毒性、刺激性燃烧产物致死。火灾发生时,物品燃烧会产生一氧化碳、二氧化硫等具有毒性、刺激性的气体。有毒烟气会损伤人体神经系统,容易使人失去意识,丧失行动能力;燃烧产生的大量烟尘会堵塞呼吸系统导致窒息死亡。

（3）蔓延迅速，降低逃生概率。大火未至，浓烟先到，尤其是高层建筑，火灾产生的高温烟气在浮力和烟囱效应的双重作用下，高热气体不断在通道的顶部积聚，使能见度大大降低，并且烟气对人的眼睛有极大的刺激作用，进一步加大疏散难度。

18. 烟气的蔓延速度有多快？

火灾烟气在水平方向的蔓延速度较小，一般在火灾初期为 0.3 m/s，随着火势的发展，在火灾中期可以达到 0.5 ~ 0.8 m/s；垂直方向的蔓延速度较大，通常为 3 ~ 5 m/s，但在楼梯间或管道竖井中，由于烟囱效应的作用，烟气的上升流动速度可以更大，达到 6 ~ 8 m/s 甚至更高。烟囱效应是建筑火灾中烟气快速流动和蔓延的主要因素之一。

19. 什么是"烟囱效应"？

"烟囱效应"是指在相对封闭的竖向空间内，由于气流对流而促使烟气和热气流向上流动的现象。火灾时，烟气可能通过楼梯间、管道井、玻璃幕墙缝隙等部位竖向蔓延，这些地方如果防火封堵做得不好，烟气在短时间里就很可能蔓延至整幢建筑物，威胁人员的安全。

20. 火灾报警电话是多少？

火灾报警电话是"119"。

21. 如何正确拨打火警电话？

发现火情要立即拨打 119 火警电话报警，讲明起火的详细地址、火势情况，留下报警人的电话号码和姓名，报警后派人到路口接应消防车到达火场。

22. 消防队出警收费吗？

《中华人民共和国消防法》（以下简称《消防法》）第四十四条规定："任何

人发现火灾都应当立即报警"。第四十九条规定："国家综合性消防救援队、专职消防队扑救火灾、应急救援，不得收取任何费用"。因此发现火灾时，不要因为担忧费用问题而不报警。

23. 谎报火警会有什么后果？

《中华人民共和国治安管理处罚法》第二十五条规定：散布谣言，谎报险情、疫情、警情或者以其他方法故意扰乱公共秩序的，处五日以上十日以下拘留，可以并处五百元以下罚款；情节较轻的，处五日以下拘留或者五百元以下罚款。

24. 发现火灾隐患如何举报？

公民发现消防安全违法行为或火灾隐患，可以向物业、居（村）委反映，也可以拨打 12345 市民服务热线举报。向市民服务热线举报时，应详细说明消防安全违法行为及火灾隐患的具体时间、地点和情形。相关部门对举报人的身份信息等将进行严格保密。

25. 什么是电动自行车？

《电动自行车安全技术规范》（GB 17761—2018）第 3.1 条明确：电动自行车是"以车载蓄电池作为辅助能源，具有脚踏骑行能力，能实现电助动或 / 和电驱动功能的两轮自行车"。虽然国家标准对电动自行车速度、整车重量、电机功率、电池电压、外观尺寸等方面都进行了限制，但电动自行车属于非机动车，不需要考取驾照、牌照不受"禁摩令"限制等因素，都是市民群众选择电动自行车的理由。然而，如果需要更快的车速、更高的续航和载重，则需要购买电动摩托车或电动轻便摩托车。

26. 电动自行车为什么频频起火？

电动自行车频频起火的主要原因包括产品质量问题、电池问题、使用和维护不当，以及充电设备和环境问题。这些问题的共同作用导致了电动自行车火灾的高发性。

27. 电动自行车充电时需要"满放满充"吗？

所谓"满放满充"是指将电池完全放电后再进行充电，直到充满为止。然而，这种做法并不适合于电动自行车的电池管理。电动自行车搭载的蓄电池主流为铅酸电池或锂离子电池，"满放满充"不仅不会保养电池，而且会因过充、过放而损伤电池，导致电动车续航的下降。如果继续充电，锂离子会逐渐堆积于负极材料表面并形成树枝状结晶，刺穿隔膜发生微短路，最终造成热失控而燃烧爆炸。对于铅酸电池和锂离子电池，"浅放浅充""多次少充"才是正确的充电习惯。

28. 电动自行车不在充电状态时会不会发生自燃？

事实上，即便不在充电状态的电动自行车，依然会引发火灾。以2024年7月全国电动自行车安全隐患全链条整治工作专班公布的数据为例，当月全国共发生电动自行车火灾1402起，其中电动自行车停放未充电时发生火灾639起，约占比45.6%；行驶中起火449起，约占比32.0%；充电状态中起火314起，约占比22.4%。电动自行车非充电状态时发生自燃的主要原因有内部短路、环境温度、电池老化等。

29. 搭载铅酸电池的电动自行车绝对安全吗？

虽然铅酸电池由于其自身的理化性质很难发生起火、爆炸，但是如果存在电解液泄漏分解、电气线路短路等情况，或是电动自行车非法私自改装、使用劣质电池等，仍有可能引起火灾。同样以2024年7月全国电动自行车安全隐患全链条整治工作专班公布的数据为例，当月全国电动自行车因蓄电池故障引发的火灾中，搭载锂离子电池的有622起，占比82.1%；搭载铅酸电池的有131起，占比17.3%。锂离子电池的火灾风险确实应予以格外关注，但铅酸电池的"安全"是相对于锂离子电池而言的，并不是人们放松警惕、掉以轻心的理由，更不是违规停放充电的借口。

30. 锂离子电池为什么更容易发生火灾？

一方面，锂离子电池生产工艺较为复杂，锂元素属于活泼金属，电解液属于易燃物质，所以其发生自燃、起火及爆炸等安全事故的风险相较于其他类型的电池更高。其中，三元锂电池中的高镍三元材料（镍钴锰、镍钴铝等）由于自身还会分解出氧气，不需要外界氧气就可以燃烧爆炸，故而其安全性比磷酸亚铁锂电池、锰酸锂电池更差。另一方面，错误的充电习惯、非法私自拼改装、劣质电池质量、电池超期服役等因素也进一步导致了电动自行车火灾的发生。但是相对地，与其他可充电电池相比，锂离子电池能量密度高、循环寿命长、轻质化和环保等优点也十分突出，所以我国电动自行车锂电市场需求呈快速增长态势。

31. 锂电电动自行车发生火灾时应当选用哪种灭火剂？

经试验证明，一些常见的灭火剂，如砂土、干粉灭火剂、二氧化碳灭火剂等均无法有效扑灭锂离子电池火灾，这是由于锂离子电池发生火灾的根源是电池内部一系列复杂且相互关联的"链式反应"而导致的热失控。而水作为冷却灭火剂，其比热容高达 4.18 J/（kg·℃），且锂离子在高温下会与电解水的生成物氢气发生反应，生成稳定的致密覆盖物氢化锂。因此，扑救锂离子电池火灾的有效措施包括使用水、水基型灭火器、消火栓、喷淋系统等。需要注意的是，如果是插了交流电的锂电池起火，一定要先拔掉电源再浇水；否则，不仅会有触电风险，还会引发因 220 V 交流电电解水而产生的二次火灾。

32. 为什么电动自行车不能在建筑物首层门厅、共用走道、楼梯间、楼道等共用部位停放或充电？

这是因为，一旦停放在楼道内的电动自行车起火，楼道会被明火和浓烟堵塞，阻断逃生通道。电动自行车起火后，高温有毒烟气会迅速蔓延扩散，对居民的生命和财产安全造成威胁。如果楼梯间里还存在堆放可燃杂物等其他消防违法行为，还会加剧火势的蔓延。

33. 电动自行车"车不入户"但"电池入户"，还会存在火灾风险吗？

仍然存在火灾风险。单独的电池在充电时同样可能燃烧爆炸，而且有的故障电池在没有充电时也会自燃。在国家明令禁止电动自行车"进楼入户"充电后，一些人还心存侥幸，把电池卸下后带回家充电，害人害己。

34. 什么是架空层？架空层是否可以停放电动自行车？

《民用建筑设计统一标准》（GB 50352—2019）第 2.0.19 条明确：架空层是指用结构支撑且无外围护墙体的开敞空间。架空层原则上不得作为电动自行车集中停放充电区域。因场地不足等客观原因确需使用的，物业管理单位等应按照有关规定，设置防火分隔、喷淋、报警、监控等设施，配备水基型灭火器。

35. 室外电动自行车棚与居民楼的防火间距是多少米？

根据上海市《电动自行车集中充电和停放场所设计标准》（以下简称"《标准》"，2024 年 10 月 1 日起正式实施），室外电动自行车棚与一、二级耐火等级的裙房，单、多层民用建筑的防火间距为 3.5 m；与高层民用建筑，一、二级耐火等级的丙、丁、戊类厂房的防火间距为 4 m。其他具体情形详见《标准》第 4.1.2 条相关规定。

36. 新能源汽车比传统燃油车更容易着火吗？

据统计，新能源汽车的火灾发生率从 2021 年的 1.85/ 万，降低到了 2023 年的 0.96/ 万，而燃油车的起火率则在 1.5/ 万左右。同时，国际上的公开数据显示，在世界上新能源汽车销量比例最高的国家——挪威，汽油和柴油汽车的火灾发生率是新能源汽车的 4 ~ 5 倍。整体来看，当前新能源汽车的起火率甚至低于燃油车。

37. 当前新能源汽车起火的主要原因是什么？

尽管新能源汽车起火概率并没有比燃油车更高，但是电池起火比汽油起火更难扑灭，复燃率较高，这也是新能源汽车起火备受关注的重要原因之一。根据 2023 年公开报道的全部 270 余起新能源汽车起火案例，发现其中碰撞后发生火灾的概率仅占 10% 左右，在充电或静置状态下"自燃"起火的比例则超过了 50%。分析显示，除了交通事故、底部碰撞等情况，与电池相关性最大的起火诱因是电池热失控。动力电池的热失控是在使用过程中温度上升的不可控现象，因为一些不当的充电行为，包括在使用过程中，一些底部的托底、剐蹭，还有长时间泡水，都可能会触发动力电池热失控的现象产生。

38. 哪些物品不宜放置在汽车内？

夏季，汽车内部的温度通常可以达到 40 ~ 70 ℃。若是深色的汽车内饰，车内封闭环境、长时间遭太阳暴晒，甚至能达到 90 ℃左右。因此，易燃易爆类的物品如打火机、充电宝、消毒酒精、香水、喷雾等不应放在车内。而镜面聚焦类的物品如瓶装水、老花镜、玻璃饰品等也不应放在车内，因为它们遇到太阳直射，会聚焦光线而使局部温度更高，容易引起火灾。

39. 电动叉车室内充电有什么火灾危险性？

（1）叉车的蓄电池在充电过程中会产生氢气，室内缺乏通风的条件下氢气积聚到一定浓度达到爆炸下限时会发生爆炸。

（2）蓄电池在充电时会发热，温度过高会引发火灾。

（3）蓄电池与充电电缆扭结在一起，绝缘损坏导致漏电、局部电阻过大、接触不良等引发电气火灾。

（4）充电期间拔下充电插头会产生电弧而引发火灾。

40. 仓库消防安全"五距"指什么？

（1）顶距：指堆货的顶面与仓库屋顶面之间的距离。一般的平顶楼房，顶距为 50 cm 以上；人字形屋顶，堆货顶面以不超过横梁为准。

（2）灯距：指仓库内固定的照明灯与商品之间的距离。灯距不应小于 50 cm，以防止照明灯过于接近商品，灯光产生热量导致火灾。

（3）墙距：指墙壁与堆货之间的距离。墙距又分外墙距与内墙距。一般外墙距在 50 cm 以上，内墙距在 30 cm 以上。

（4）柱距：指货堆与屋柱的距离一般为 30 ～ 50 cm。柱距的作用是防止柱散发的潮气使商品受潮，并保护柱脚，以免损坏建筑物。

（5）垛距：指货堆与货堆之间的距离，通常为 100 cm，垛距的作用是使货堆与货堆之间，间隔清楚，防止混淆，也便于通风检查，一旦发生火灾，还便于抢救，疏散物资。

41. 电气线路敷设要求有哪些？

明敷时（包括敷设在吊顶内），应穿金属或阻燃导管或采用封闭式槽盒保护；当采用阻燃或耐火电缆并敷设在电缆井、沟内时，可不穿金属导管或采用封闭式金属槽盒保护；当采用矿物绝缘类不燃性电缆时，可直接明敷。

42. 仓库内设置灯具有什么消防安全要求？

根据《仓库防火安全管理规则》（公安部令第 6 号），仓库内照明灯的防火安全必须严格遵守相关法规。其中，对于仓库内的电气设备和线路，必须按照国家有关电气设计和施工验收标准进行安装和验收，以确保其安全可靠。

（1）照明灯具的选择。在选择照明灯具时，应优先考虑使用防火安全灯具，如 LED 灯等。同时，对于易燃易爆物品的仓库，应使用防爆型照明灯具。

（2）安装位置。照明灯具的安装位置应尽量远离可燃物，并避免安装在可燃结构上。同时，对于大功率灯具，应使用单独的灯具支架，并确保支架的牢固性。

（3）线路保护。照明线路应使用耐火材料进行保护，并严格按照国家有关电气设计和施工验收标准进行安装和验收。此外，对于大功率灯具，应使用单独的开关和熔断器，并定期检查线路和设备的安全状况。

43. 仓库内设置办公室有什么消防安全要求？

办公室等严禁设置在甲、乙类仓库内，也不应贴邻。

办公室设置在丙、丁类仓库内时，应采用耐火极限不低于 2.50 h 的防火隔墙和 1.00 h 的楼板与其他部位分隔，并应设置独立的安全出口。若隔墙上需开设相互连通的门时，应采用乙级防火门。

44. 建筑火灾蔓延的途径有哪些？

建筑物内火灾蔓延的途径主要有水平方向蔓延和垂直方向蔓延两种。建筑防火的一个重要理念就是阻止火势蔓延，例如，在建筑物之间设置修筑防火墙、留足防火间距；对危险性较大的设备和装置，采取分区隔离和远距离操作的方法等。

45. 为什么建筑之间不能堆放物品？

建筑之间堆放物品，一是会占用防火间距，一旦失火，可燃物品容易造成火灾蔓延；二是会堵塞、占用消防车通道，若发生火灾，会导致消防车辆无法正常通行，影响灭火救援。

46. 为什么管道井不能堆放杂物？

在管道井内存放各类杂物，特别是一些易燃物品，一旦发生火灾极有可能殃及楼内住户。有的管道井内缺少有效隔断和封堵，楼层上下相通，如果发生火灾，加上烟囱效应，火灾会蔓延多个楼层。

47. 为什么楼梯间和疏散走道不能堆放杂物？

楼梯间和疏散走道是人员从建筑内部至室外安全出口的疏散通道。疏散通道是在发生火灾时，保证人员和物资能够安全撤离险境的主要路径。若堆放杂物，一旦建筑内发生火灾，人员逃生的主要路径会被阻挡，不能第一时间快速逃生；

而且堆放杂物也容易因抽烟等因素引发人为火灾。

48. 家庭常见的起火原因有哪些？

家庭常见的起火原因主要包括电气问题、用火不慎、儿童玩火、吸烟、燃气使用不当等。

49. 油锅起火怎么办？

如果遇到油锅起火，千万不要用水浇。水的沸点为100 ℃，水遇到高温的油迅速汽化，剧烈的汽化过程会把油也带入空气中，形成油水汽混合物，与氧气充分接触，形成爆燃，这就是通常所说的"炸锅"！油锅起火的正确处理方法有以下三种：

（1）用锅盖盖住起火的油锅，使燃烧的油火接触不到空气，油锅里的火便会缺氧而立即熄灭。

（2）用手边的大块湿布盖住起火的油锅，也能起到与锅盖一样的效果，要注意覆盖时不能留下空隙。

（3）如果厨房里有切好的蔬菜或其他生冷食物，可沿着锅的边缘倒入锅内，利用蔬菜、食物与着火油温差，使锅里燃烧的油温度迅速下降。当油达不到自燃点时，火就自动熄灭了。

50. 厨房油烟管道一般多久清洗一次？

根据相关规定，高层建筑内宾馆、酒店、餐饮场所的经营者应当至少每季度对集烟罩、排油烟管道等设施进行一次检查、清洗或者保养，并做好记录存档。

51. 厨房一般应配备哪些灭火器材？

厨房一般配备灭火毯和干粉灭火器。餐厅建筑面积大于1 000 m^{2}的餐馆或食堂，其烹饪操作间的排油烟罩及烹饪部位应设置自动灭火装置，并应在燃气或燃油管道上设置与自动灭火装置联动的自动切断装置。

52. 灭火毯应该如何使用？

灭火毯又称消防被、灭火被等，是由玻璃纤维等材料经过特殊处理编织而成的织物，能起到隔离热源及火焰的作用。灭火毯用于灭火，发生火灾时，直接将灭火毯覆盖在着火物体上，直至完全熄灭。此外，灭火毯也可用于逃生，使用时首先取出灭火毯，双手握住两条黑色拉绳，拉开灭火毯，披在身上迅速逃生。

53. 如何做好可燃气体泄漏后的应急措施？

立即开窗开门，形成通风对流并关闭阀门。同时，要保持泄漏区域内电器设备的原有状态，避免开关电器而引起爆炸。确认泄漏，立即通知燃气公司检修。用最快方式通知周围邻居，好让大家注意熄灭明火、避免开关电器。同时，要离开泄漏区，在可燃气浓度较低的地方拨打119。

54. 燃气泄漏时为什么不能开灯？

燃气泄漏时不能开灯、启用电器以及在室内现场打电话，因为这样会产生电火花，容易造成爆燃事故。

55. 哪些场所禁止使用瓶装液化石油气？

高层建筑、地下室、半地下室、公共用餐区域、大中型商店建筑内的厨房，禁止放置使用瓶装液化石油气及压缩天然气气瓶。

56. 使用瓶装液化石油气应注意什么？

（1）注意检查使用期限和检验合格标志。

（2）直立使用避免猛烈震动。

（3）放置于通风良好且避免日晒场所。

（4）不可放倒使用。

（5）钢瓶上不可放置可燃物品。

57. 液化石油气钢瓶为什么不能暴晒？

钢瓶的临界设计温度为 60 ℃，若在阳光下暴晒，会使液体膨胀，压力上升，若超过了钢瓶的耐压能力，就会发生爆炸。

58. 液化石油气钢瓶为什么不能卧放或倒立使用？

卧放或倒立，钢瓶内的液化石油气液体通过减压阀大量流出后体积迅速膨胀，一旦超过灶具的负荷容易发生爆炸或爆燃。

59. 液化气钢瓶起火怎么办？

液化气钢瓶一旦着火，要根据现场情况，采取不同的处置措施：

（1）在液化气钢瓶阀门完好的情况下，首选是关阀，阀门关了火就灭了。液化气钢瓶瓶体和瓶口较小，相对来说压力较小，不会产生压力差，而且液化气钢瓶里面的压力比外界大。防止回火。

（2）如果着火的液化气钢瓶的阀门损坏，可以不灭火，先把液化气钢瓶拎到空旷地带站立放置，再用水冷却瓶身，等待液化气燃烧完毕即可；着火的液化气钢瓶如果在居民家中无法转移，可以先灭火，再用湿抹布等物品堵住瓶口，并送至专业的液化气站进行处置。

（3）如果液化气钢瓶横向倒地燃烧，地面被喷出的火焰加热，容易产生热传导至瓶身，瓶身达到一定温度后，瓶内的液化气由于加热导致膨胀，会发生物理爆炸。

60. 液化石油气和天然气燃气报警安装位置的区别？

液化石油气具有比重大的特点，漏出后不是向上飘动而是沉向地面，聚积在低洼处，因此报警器应安装在地面上方不超过 30 cm 处；而天然气比空气轻，发生跑漏后，会很快聚集在室内上部，燃气报警器应安装在天花板下方不超过 30 cm 处。

61. 酒精火灾危险性有哪些?

酒精,学名乙醇,属于甲类火灾危险性液体,常温下易燃易挥发,挥发后气态酒精与空气可形成爆炸性混合物,遇明火、高热能引起爆炸燃烧。

使用酒精,要注意室内通风、适量储存、安全存放。使用和储存时不要靠近热源、避开明火。

62. 室内酒精消毒应注意哪些方面内容?

室内使用酒精消毒时,要避免采用倾洒方式,可采用擦拭等方式进行。酒精具有易燃性,喷出来的酒精与空气混合后,比液体酒精更容易燃烧。60%的酒精闪火点只有23℃,在衣服有静电的情况下就更危险。而且酒精蒸发速率快,喷洒消毒中,酒精同物体表面接触时间短,达不到良好的消毒作用。

使用酒精时必须远离明火和高温热源;禁止用于开关、插座等有火灾隐患的地方;若要对电器表面消毒,应先关闭电源,待电器冷却后再消毒,否则可能引起爆燃。

63. 香水的火灾危险性是什么?

香水的成分中乙醇浓度较高,含有大量酒精,部分香水中的酒精含量甚至高达60%。遇高温易燃烧,因此在喷洒香水时,要远离火源,使用后不要立即使用明火,应避免抽烟等行为。

64. 使用蚊香的火灾风险有哪些?

(1)盘式蚊香。主要由木炭粉和有效成分组成,在燃点时,火点最高温度可达700～800℃,火点周围1cm处可达130℃,足可将燃点低的蚊帐、棉布、衣服、纸张、柴草等可燃物引燃,造成火灾。

(2)电热蚊香。由电加热器和蚊香片(蚊香液)组成。电加热器加热温度高达160～200℃,极易烤燃周围的易燃品,如纸箱、木制家具、衣物等而引发火灾。如果是在铺有地毯、木地板或刷有油漆地的居室使用电蚊香加热器,下面应放一块阻燃性比较好的垫板，比如瓷砖、石板等。使用电蚊香还要防止触电。电蚊香上积有灰尘时，要用干布或纸张擦净，如用湿布擦拭或将水等液体洒在电蚊香上则有可能引起短路，引起火灾。电蚊香会因电器短路或恒温发热元件烧毁失灵而引发火灾。

65. 电源转换器（拖线板）为什么不能"拖"太多的电器？

拖线板上"拖"太多电器，极易造成超负荷、短路和接触不良等现象，从而引发火灾。

66. 电源转换器（拖线板）串联使用安全吗？

不安全。具体在于：一是多个拖线板串联使用，会造成拖线板接头接点较多，插头和插座的连接点由于热作用会引起接触不良；造成接头部位局部电阻过大，同样会使电流通过时产生极大的热量，引发绝缘层熔化起火。二是会超过最大功率，导致拖线板负荷较重，增加引起火灾的风险。三是拖线板串联更容易造成短路，从而引起火灾。

67. 如何避免手机变成"定时炸弹"？

不要边充电边玩手机；不要把手机放置在高温处；不要长时间使用手机；手机过热时要停止使用；手机严重损坏时要注意报废；注意不要用尖锐的物体触碰手机电池，不要挤压手机电池。

68. "小太阳"等取暖设备在使用过程中的火灾风险有哪些？

大功率取暖设备具有较高的火灾危险性，因为其表面温度可以迅速升高，容易引燃附近的可燃物。"小太阳"取暖器通过电热丝通电后放出热量或红外线来取暖，其表面温度可以超过600℃，如果使用不当，则极易引发火灾。为了确保安全使用取暖设备，用户使用过程中应注意与可燃易燃物保持安全距离，避免长时间使用，使用合适的插线板，人走即断电等，避免使用不当而引发火灾事故。

69. 使用电热毯应该注意哪些安全事项?

（1）电热毯必须平铺在床单或薄的褥子下面。绝不能折叠起来使用。因为折叠起来使用，一是容易增大电热毯的热效应，造成电热毯散热不良，温度升高，烧坏电热线的绝缘层而引起燃烧；二是容易造成电热线折断，损坏电热毯。

（2）不能将电热毯铺在有尖锐凸起物的物体上使用，也不能直接铺在砂石地面上使用，更不能让小孩在铺有电热毯的床上蹦跳，以免损坏电热线。

（3）敷设直线型电线的电热毯，不能用在"席梦思"、沙发床、钢丝床、弹簧床等伸缩性较大的床上；敷设螺旋型电热线的电热毯，由于其抗拉力强、抗折叠性能好，可用于各种床铺。

（4）使用电热毯时，要有人在近旁看护。离家外出或停电时，必须拔下电源线插头，以免来电后因电热毯长期通电过热，造成意外事故。

（5）电热毯在使用和收存过程中，应尽量避免在固定位置处反复折叠打开，以防电热线因折叠疲劳而断裂，产生火花引起火灾；为防止电热毯出现集堆打折现象，可将电热毯四角缝上布带，铺平后系在四条床脚上。

（6）大多数电热毯接通电源30 min后温度就上升到38 ℃左右，这时应将调温开关拨至低温挡，或关掉电热毯，否则温度会继续升高，长时间加热就有可能使电热毯的棉布炭化起火。

（7）被尿湿或弄脏的电热毯，不能用手揉搓洗涤，否则会损坏电热线绝缘层或折断电热线。应用软毛刷蘸水刷洗，待晾干后方能使用。最好是在电热毯外面罩一层布，脏时只要清洗布罩则更为方便。

（8）购买电热毯时应把好质量关。一定要选购那些经过国家质量检验部门检验合格的产品，并注意电热毯的额定电压是否与家中所用电源的电压相同（低压安全型电热毯必须配用相应的降压变压器，千万不能直接与220 V电压相接）。使用前要详细阅读产品使用说明书，严格按照使用要求和注意事项去做。

70. 吹风机能"吹出"火灾吗？

在购买吹风机时，要选购有过热保护功能的。在使用吹风机时，人不能离开，更不能随便搁置在床单、沙发等可燃物上。不要过长时间使用吹风机，以免温度过高引起火灾。吹风机不要在浴室或湿度大的地方使用，避免触电危险。吹风机用完后，记得关闭开关，并拔下电源插头。

71. 香烟烟头的温度可达多少？

香烟烟头的表面温度在 200 ~ 300 ℃，中心温度高达 700 ~ 800 ℃。烟头在燃烧时，其表面温度和中心温度存在显著差异。香烟烟头的表面温度通常在 200 ~ 300 ℃之间，而中心温度则高达 700 ~ 800 ℃。这种高温远高于许多可燃物质的燃点，如纸张的燃点为 130 ℃，松木的燃点为 250 ℃。

72. 吸烟在哪些情况下容易引起火灾？

吸烟在以下几种情况下容易引起火灾：躺在床上或沙发上吸烟；随手乱丢烟头；乱磕烟灰掉落在可燃物上；点燃的香烟随手放在可燃物上；使用打火机不当；在严禁用火的地方吸烟。

73. 小孩玩火引发火灾会有什么法律后果？

无论未成年人的年龄多大，如果他们的行为导致火灾并造成损害，其监护人（通常是父母或法定监护人）需要承担民事责任，赔偿受害人的损失。具体情况如下：

（1）未满十四周岁：一般不承担刑事责任，但可能会受到来自家庭、学校或社区的教育和管束。在必要时，可能会由政府进行专门的矫治教育。

（2）已满十四周岁但未满十六周岁：如果火灾后果严重，可能构成犯罪，但会从轻或减轻处罚。

（3）已满十六周岁：将完全承担刑事责任，但考虑到他们是未成年人，法院在量刑时会给予从轻或减轻的考虑。具体的刑罚将取决于火灾的严重程度、未成年人的主观恶性、是否有悔罪表现等因素。

除了法律惩罚，未成年人还可能面临学校纪律处分、社区服务等后果。此外，火灾事件本身也可能对他们的心理造成影响，需要适当的心理干预和支持。

74. 加油站火灾的特点有哪些？

加油站火灾具有突发性、高热辐射性、燃烧和爆炸交替发生等特点。特别是由于燃烧过程中油气浓度不断变化，使得燃烧和爆炸不断相互转化，火情不断扩大，而在火灾初期只能依靠站内自救，扑灭非常困难，容易造成难以估量的人员伤亡和经济损失。特别是地处繁华市区的加油站，发生着火爆炸极有可能造成群死群伤的重大恶性伤亡事故。

75. 为什么在加油站不能拨打手机？

手机在接打电话时释放的电磁波在遇到金属物体（如加油站的金属结构）时，可能会产生带电离子，带电离子在一定条件下可以形成静电；加油时，汽油的挥发物会与空气混合形成爆炸性气体，一旦与静电释放时形成的火花接触，则有可能会发生爆炸。

76. 加油站是否可以扫码支付？

实验结果显示，在几种测试场景中，扫码支付时电磁辐射功率为 $0.137\ \mu W/cm^2$，要高于手机通话时的功率密度。不仅如此，拨打视频、语音通话等情形也均高于手机通话时的功率密度，使用微信发送图片时的功率密度甚至达到了 $0.757\ \mu W/cm^2$。可见，在加油站易燃易爆范围内使用手机扫描支付确实存在一定风险性。2019 年8 月 12 日，上海市全面禁止加油扫码支付。然而，随着油气回收装置的普及，加油站的安全系数相比数十年前已有大幅提高。应急管理部最新发布的《加油站作业安全规范》（AQ 3010—2022）删除了"加油站内不应使用移动通信设备"的规定，明确"设有可燃气体声光报警装置的加油作业区内可允许客户使用手机支付"。因此，目前加油站内是否可以扫码支付，还需根据加油站的具体规定和实际情况来判断。

77. 加油时发生火灾应该怎么办?

（1）立即按下加油机急停按钮，且不要拔出油枪，立即呼叫支援。

（2）取出灭火器和灭火毯，站在上风向进行扑救，同时安排人员报火警电话。

（3）关闭潜油泵电源开关，并组织人员进行警戒清场。

（4）协助消防部门扑救火灾。

78. 泡沫夹芯彩钢板的火灾危险性有哪些?

以聚苯乙烯、聚氨酯等可燃材料为夹芯层的金属夹芯板材，火灾时，铁皮很快软化，芯层迅速燃烧，火灾蔓延快且难以扑救，产生大量有毒烟气，极具危险。

79. 不法分子冒充消防员常见的诈骗套路有哪些?

（1）劣质产品，高价推销。一些不法分子派驻所谓联络员到全国各地高价推销盗版消防图书和音像制品等。

（2）假装检查，收取罚款。有些不法分子学习消防专业术语，冒充执法人员，对单位或场所强行检查，收取"高额罚款"。

（3）上门检查，强行推销。还有些不法分子也是冒充消防部门工作人员到各单位检查，以消防器材配备不足或损坏为由，推销不合格消防产品。

（4）发布通知，骗培训费。不法分子通过短信或电话告知各企业单位所谓紧急通知文件，要求进行新的消防安全培训，实则为了骗培训费。

（5）征收"押金"，允诺退款。不法分子打着"消防安全"旗号，到处征收"押金"，并声称只要在一定时段内不发生消防安全事故就能全额退款。

（6）免费培训，推销器材。不法分子打着免费消防培训的名义，实际上是为了推销假冒消防器材或高价器材。

（7）"便衣督察"，上门恐吓。不法分子自称"便衣督察"，以恐吓、威胁举报等手段推销消防产品、承接消防工程。

（8）电话威胁，推销器材。不法分子对企业进行电话营销，以消防审批、验收不合格等理由相威胁，迫使被害人购买产品。

以上是不法分子常见的诈骗套路，其他如"协助采购消防物资""包过消防员招聘"等，广大人民群众应注意防范，遇有可疑情况可到当地消防部门进行求证核实。

80. 如何识别消防骗局？

（1）培训收费。消防救援机构面向社会单位的消防教育培训均为免费，不存在也不可能出现任何收费的品类、项目，更不存在所谓的"必须购买教材"。

（2）贩卖消防设施设备或器材装备。消防救援机构从不生产、经营、贩卖消防设施设备或器材装备，更不可能打着任何旗号推销、强制销售消防产品。

（3）罚金通过转账等方式汇入个人账户。消防监督执法人员在给予单位或个人罚款的行政处罚时会制发《行政处罚决定书》和《罚款缴纳通知书》，罚金绝不会通过转账等方式汇入个人账户。

81. 如何辨别消防器材的真伪？

（1）消防产品会粘贴消防产品身份标识（俗称"S标"），"S"是"安全"的英文"safety"第一个字母的大写，它是消防产品的"身份证"。通过微信扫一扫消防产品"S标"上的二维码可以进行辨别。"S标"本体采用红色覆膜不干胶材质，直接粘贴在产品上，具有防复制性、防转移性，揭开即被破坏。

（2）如"S标"上无二维码，可登录中国消防产品信息网（http://www.cccf.com.cn），输入"S标"的14位明码，通过与应急管理部消防产品合格评定中心（http://www.cccf.net.cn）进行联网检查，即可判断产品是否为正规厂家产品，这是辨别消防产品真伪最有效和直接的方法。

82. 什么是消防物联网？

消防物联网是指通过物联网信息传感与通信等技术，将传统消防系统中的设备设施通过社会化消防监督管理和消防救援机构灭火救援涉及的各要素所需的消防信息链接起来，构建高感度的消防基础环境，实现实时、动态、互动、融合的消防信息采集、传递和处理，能全面促进与提高政府及相关机构实施社会消防监督与管理水平，显著增强消防救援机构灭火救援的指挥、调度、决策和处置能力。

83. 如何成为一名消防志愿者？

搜索"消防志愿者平台"小程序，或关注当地消防救援机构微信公众号，注册成为消防志愿者。

二、消防法律法规问答

84.《消防法》规定消防工作的方针是什么？

预防为主、防消结合。

85.《消防法》规定消防工作的原则是？

政府统一领导、部门依法监管、单位全面负责、公民积极参与。

86. 什么是人员密集场所？

人员密集场所是指公众聚集场所，例如，医院的门诊楼、病房楼，学校的教学楼、图书馆、食堂和集体宿舍，养老院、福利院、托儿所、幼儿园，公共图书馆的阅览室、公共展览馆、博物馆的展示厅，劳动密集型企业的生产加工车间和员工集体宿舍，旅游、宗教活动场所等。

87. 什么是公众聚集场所？

公众聚集场所是指面对公众开放，具有商业经营性质的室内场所，包括宾馆、饭店、商场、集贸市场、客运车站候车室、客运码头候船厅、民用机场航站楼、体育场馆、会堂及公共娱乐场所等。

88. 公众聚集场所如何办理投入使用、营业前消防安全检查?

公众聚集场所投入使用、营业前消防安全检查,申请人可自主选择采用告知承诺方式办理,或选择不采用告知承诺方式办理。

(1)申请人选择采用告知承诺方式办理的,消防救援机构对申请人提交的《公众聚集场所投入使用、营业消防安全告知承诺书》及相关材料开展审查。申请材料齐全、符合法定形式的,或符合"容缺受理"条件的,予以许可并出具《受理凭证》及《公众聚集场所投入使用、营业前消防安全检查意见书》,公众聚集场所即可投入使用、营业。消防救援机构在做出许可之日起 20 个工作日内对取得许可的公众聚集场所开展现场核查。

(2)申请人选择不采用告知承诺方式办理的,消防救援机构应当自受理申请之日起 10 个工作日内,根据消防技术标准和管理规定,对该场所进行检查,对符合消防安全要求的,予以许可,并出具《公众聚集场所投入使用、营业前消防安全检查意见书》。

需要注意的是,各地在优化消防服务营商环境背景下,相继出台了针对一定面积内的公共娱乐场所或其他公众聚集场所免于办理投入使用、营业前消防安全检查的政策,具体请参考当地最新政策文件。

89. 公众聚集场所未经消防救援机构许可擅自营业,或场所使用、营业情况与承诺内容不符的会有什么后果?

公众聚集场所未经消防救援机构许可,擅自投入使用、营业的,或者经核查发现场所使用、营业情况与承诺内容不符的,消防救援机构将依据《消防法》第五十八条第一款第(四)项之规定,责令停止使用或者停产停业,并处三万元以上三十万元以下罚款。经消防救援机构现场核查发现公众聚集场所如有存在使用、营业情况与承诺内容不符的情形,经责令限期改正,逾期不整改或者整改后仍达不到要求的，将依法撤销相应许可。

90. 建设工程消防设计审查、消防验收、备案和抽查工作由哪个部门负责？

根据住建部、应急管理部联合印发的《关于做好移交承接建设工程消防设计审查验收职责的通知》（建科函〔2019〕52号）和应急管理部关于贯彻实施新修改的《中华人民共和国消防法》（应急〔2019〕58号）有关事项的通知，建设工程消防设计审查验收职责工作要由消防救援机构向住房和城乡建设主管部门移交。

91. 什么是公共娱乐场所？

公共娱乐场所是指具有文化娱乐、健身休闲功能并向公众开放的室内场所，包括影剧院、录像厅、礼堂等演出、放映场所，舞厅、卡拉OK厅等歌舞娱乐场所，具有娱乐功能的夜总会、音乐茶座、酒吧和餐饮场所，游艺、游乐场所和保龄球馆、旱冰场、桑拿等娱乐、健身、休闲场所和互联网上网服务营业场所。

92. 什么是消防安全重点单位？

消防安全重点单位是指发生火灾可能性较大，以及发生火灾可能造成重大的人身伤亡或者财产损失的单位。具体划分标准可查询各省市出台的《消防安全重点单位界定标准》。

93. 什么是火灾高危单位？

火灾高危单位是指容易造成群死群伤火灾的单位，一般包括具有较大规模的人员密集场所，具有一定规模的生产、储存、经营易燃易爆危险品场所单位，火灾荷载较大、人员较密集的高层、地下公共建筑及地下交通工程，采用木结构或砖木结构的全国重点文物保护单位等。具体划分标准可查询各省市出台的《火灾高危单位界定标准》。

94. 什么是重大火灾隐患单位？

重大火灾隐患单位是指违反消防法律法规、不符合消防技术标准，可能导致火灾发生或火灾危害增大，并由此可能造成重大、特别重大火灾事故或严重社会影响的各类潜在不安全因素的单位。

95. 哪些情况可以直接判定为重大火灾隐患？

（1）生产、储存和装卸易燃易爆危险品的工厂、仓库、专用车站、码头、储罐区，未设置在城市的边缘或相对独立的安全地带。

（2）生产、储存、经营易燃易爆危险品的场所与人员密集场所、居住场所设置在同一建筑物内，或与人员密集场所、居住场所的防火间距小于国家工程建设消防技术标准规定值的 75%。

（3）城市建成区内的加油站、天然气或液化石油气加气站、加油加气合建站的储量达到或超过《汽车加油加气加氢站技术标准》（GB 50156—2021）对一级站的规定。

（4）甲、乙类生产场所和仓库设置在建筑的地下室或半地下室。

（5）公共娱乐场所、商店、地下人员密集场所的安全出口数量不足或其总净宽度小于国家工程建设消防技术标准规定值的 80%。

（6）旅馆、公共娱乐场所、商店、地下人员密集场所未按国家工程建设消防技术标准的规定设置自动喷水灭火系统或火灾自动报警系统。

（7）易燃可燃液体、可燃气体储罐（区）未按国家工程建设消防技术标准的规定设置固定灭火、冷却、可燃气体浓度报警、火灾报警设施。

（8）在人员密集场所违反消防安全规定使用、储存或销售易燃易爆危险品。

（9）托儿所、幼儿园的儿童用房以及老年人活动场所，所在楼层位置不符合国家工程建设消防技术标准的规定。

（10）人员密集场所的居住场所采用彩钢夹芯板搭建，且彩钢夹芯板芯材的燃烧性能等级低于《建筑材料及制品燃烧性能分级》（GB 8624—2012）规定的 A 级。

96. 火灾事故按照造成的危害损失程度怎么分级？

火灾事故按照造成危害的损失程度可分为特别重大、重大、较大和一般火灾四个等级。

特别重大火灾是指造成 30 人以上死亡，或者 100 人以上重伤，或者 1 亿元以上直接财产损失的火灾。

重大火灾是指造成 10 人以上 30 人以下死亡，或者 50 人以上 100 人以下重伤，或者 5 000 万元以上 1 亿元以下直接财产损失的火灾。

较大火灾是指造成 3 人以上 10 人以下死亡，或者 10 人以上 50 人以下重伤，或者 1 000 万元以上 5 000 万元以下直接财产损失的火灾。

一般火灾是指造成 3 人以下死亡，或者 10 人以下重伤，或者 1 000 万元以下直接财产损失的火灾。

97. 什么是失火罪？

失火罪是指过失引起火灾，危害公共安全，致人伤、死亡或者公私财产遭受重大损失的行为。

98. 什么是消防责任事故罪？

消防责任事故罪是指违反消防管理法规，经消防监督机构通知采取改正措施而拒绝执行，造成严重后果的行为。

99. 事故处理的"四不放过"原则是指什么？

国家对发生火灾事故后的处理"四不放过"原则是指：一是事故原因未查清不放过；二是当事人和群众没有受到教育不放过；三是事故责任人未受到处理不放过；四是没有制订切实可行的预防措施不放过。

100. 公民的消防安全法定义务有哪些？

（1）任何人都有维护消防安全、保护消防设施、预防火灾、报告火警的义务；

任何成年人都有参加有组织的灭火工作的义务。

（2）任何人不得损坏、挪用或者擅自拆除、停用消防设施、器材，不得埋压、圈占、遮挡消火栓或者占用防火间距，不得占用、堵塞、封闭疏散通道、安全出口、消防车通道。

（3）任何人发现火灾都应当立即报警。任何人都应当无偿为报警提供便利，不得阻拦报警，严禁谎报火警。

（4）火灾扑灭后，相关人员应当按照消防救援机构的要求保护现场，接受事故调查，如实提供与火灾有关的情况。

101.《消防法》规定单位哪些人员应持证上岗？

《消防法》规定，进行电焊、气焊等具有火灾危险作业的人员和自动消防系统的操作人员必须持证上岗。

102. 单位动火作业有什么要求？

单位因施工等特殊情况需要进行电焊、气焊等明火作业的，应当按照规定办理动火审批手续，落实现场监护人，配备消防器材，并在建筑主入口和作业现场显著位置公告。作业人员应当依法持证上岗，严格遵守消防安全规定，清除周围及下方的易燃、可燃物，采取防火隔离措施。作业完毕后，应当进行全面检查，消除遗留火种。

103. 施工现场主要临时用房、临时设施与固定动火作业场的防火间距是多少？

（1）施工现场的临时办公用房、宿舍、发电机房、变配电房、可燃材料库房、厨房操作间、锅炉房与固定动火作业场的防火间距不小于 7 m。

（2）施工现场的临时可燃材料堆场及其加工厂、相邻的其他固定动火作业场与固定动火作业场的防火间距不小于 10 m。

（3）施工现场的临时易燃易爆危险品库房与固定动火作业场的防火间距不小

于 12 m。

需要注意的是：临时用房、临时设施的防火间距应按临时用房外墙外边线或堆场、作业场、作业棚边线间的最小距离计算，当临时用房外墙有突出可燃构件时，应从其突出可燃构件的外缘算起。

104. 建设工程施工现场在什么情况下要设置临时消防给水系统？

临时用房建筑面积之和大于 1 000 m² 或在建工程单体体积大于 10 000 m³ 时，应设置临时室外消防给水系统。当施工现场处于市政消火栓 150 m 保护范围内，且市政消火栓的数量满足室外消防用水量要求时，可不设置临时室外消防给水系统。

建筑高度大于 24 m 或单体体积超过 30 000 m³ 的在建工程，应设置临时室内消防给水系统。

105. 什么是消防技术服务机构？

消防技术服务机构是依法成立的从事消防产品技术鉴定、消防设施检测、电气防火技术检测、消防安全检测的专业技术服务机构。

106. 消防技术服务机构有哪些消防安全职责？

《消防法》第三十四条规定：消防设施维护保养检测、消防安全评估等消防技术服务机构应当符合从业条件，执业人员应当依法获得相应的资格；依照法律、行政法规、国家标准、行业标准和执业准则，接受委托提供消防技术服务，并对服务质量负责。

107. 建筑消防设施多久进行一次全面检测？

《消防法》规定，机关、团体、企业、事业等单位应定期组织检验、维修消防设施，确保完好有效。特别是对建筑消防设施，要求每年至少进行一次全面检测，确保其完好有效，并要求检测记录完整准确，存档备查。

108. 什么是消防安全评估？

消防安全评估是指运用适当的检测评估方法，依据消防法规和消防技术标准，对单位消防安全状况进行评估。

109. 消防技术服务机构应该具备什么资质？

《消防技术服务机构从业条件》（应急〔2019〕88号）第五条规定：同时从事消防设施维护保养检测、消防安全评估的消防技术服务机构，应当具备下列条件：

（1）企业法人资格；

（2）工作场所建筑面积不少于200 m²；

（3）消防技术服务基础设备和消防设施维护保养检测、消防安全评估设备配备符合相关要求；

（4）注册消防工程师不少于2人，且企业技术负责人由一级注册消防工程师担任；

（5）取得消防设施操作员国家职业资格证书的人员不少于6人，其中中级技能等级以上的不少于2人；

（6）健全的质量管理和消防安全评估过程控制体系。

110. 什么是注册消防工程师？

注册消防工程师是指经考试取得相应级别消防工程师资格证书，并依法注册后，从事消防技术咨询、消防安全评估、消防安全管理、消防安全技术培训、消防设施检测、火灾事故技术分析、消防设施维护、消防安全监测、消防安全检查等消防安全技术工作的专业技术人员。

注册消防工程师分为一级注册消防工程师和二级注册消防工程师。

三、消防安全技术标准问答

111. 建筑物按使用性质可分为几类？

建筑物按使用性质可以分为三类：工业建筑、农业建筑和民用建筑。

112. 工业建筑的火灾危险性可以分为几类？

工业建筑的火灾危险性可以分为五类。

（1）甲类：包括闪点小于 28 ℃的液体，爆炸下限小于 10% 的气体，常温下能自行分解或在空气中氧化即能迅速自燃或爆炸的物质，常温下受到水或空气中水蒸气的作用能产生可燃气体并引起燃烧或爆炸的物质，遇酸、受热、摩擦、撞击、催化以及遇有机物或硫黄等易燃的无机物极易引起燃烧或爆炸的强氧化剂，受摩擦、撞击或与有机物、氧化剂接触时引起燃烧或爆炸的物质，在密闭设备中操作温度等于或超过物质本身燃点的生产。

（2）乙类：包括闪点大于等于 28 ℃但小于 60 ℃的液体、爆炸下限大于等于 10% 的气体、不属于甲类的易燃固体、不属于甲类的强氧化剂，在空气中形成爆炸性混合物的浮游状态的粉尘、纤维，闪点大于等于 60 ℃的液体雾滴、助燃气体。

（3）丙类：包括闪点大于等于 60 ℃的液体、可燃固体。

（4）丁类：涉及对不燃物质进行加工，并在高温或熔融状态下经常产生辐射热、火花或火焰的生产，以及利用气体、液体、固体作为燃料或将气体、液体进行燃烧做其他用的各种生产。

（5）戊类：涉及常温下使用或加工不燃烧物质的生产。

113. 易燃易爆厂房仓库有哪些特殊的防火设计要求？

（1）独立设置：有爆炸危险的甲、乙类厂房宜独立设置，以减少火灾和爆炸事故对周围环境的影响。

（2）敞开或半敞开式设计：有爆炸危险的厂房或厂房内有爆炸危险的部位应

采用敞开或半敞开式设计，以利于通风和散热，降低爆炸风险。

（3）承重结构：承重宜采用钢筋混凝土或钢框架、排架结构，以增强结构的稳定性和抗震性。

（4）泄压设施：厂房应设置泄压设施，如轻质屋面板、轻质墙体和易于泄压的门、窗等，以在发生爆炸时减轻对建筑结构的破坏。

（5）防火隔墙和耐火极限：有爆炸危险的甲、乙类厂房的分控制室宜独立设置，当贴邻外墙设置时，应采用耐火极限不低于一定标准的防火隔墙与其他部位分隔。

（6）防静电措施：散发可燃粉尘、纤维的厂房，其内表面应平整、光滑，并易于清扫，以减少火灾隐患。

（7）避免设置地沟：厂房内不宜设置地沟，确需设置时，其盖板应严密，地沟应采取防止可燃气体、可燃蒸气和粉尘、纤维在地沟积聚的有效措施。

（8）防火间距：库房与库房之间必须根据存药量、存药品种、安全设施来决定最小的殉爆安全距离，防止因间距不当而导致链锁式爆炸。

114. 大跨度钢结构厂房火灾有什么特点？

钢结构在火的作用下是不会燃烧的，但是钢材在高温火焰的直接灼烧下，强度会随着温度的上升而下降，当到达一个极限临界点时，就会显著地降低强度失去承载力。根据《钢结构设计规范》（GB 50017—2020），钢结构厂房主要采用碳素结构钢和低合金高强度结构钢，这些材料的强度在达到一定温度时会显著下降，如达到350℃、500℃、600℃时，强度分别下降1/3、1/2、2/3，而在全负荷情况下失去静态平衡稳定性的临界温度约为540℃。

115. 洁净厂房有哪些特殊的防火设计要求？

洁净厂房一般常见于医药、食品、高精密性仪器等有无菌无尘生产需求的领域。由于洁净厂房内生产工艺的特殊性、洁净室（区）的特殊性，在防火设计上也有一些特殊的要求，在耐火等级、防火分区、消防设备配置、电气安全等方面有特殊的防火设计要求。

116. 高架仓库有哪些特殊的防火设计要求?

高架仓库是指货架高度大于 7 m 且采用机械化操作或自动化控制的货架仓库。随着企业飞速发展,自动化立体仓库(高架仓库)已成为企业物流和生产管理重要的仓储技术。其防火设计除了满足《建筑防火通用规范》(GB 55037—2022)相关规定,还应满足《物流建筑设计规范》(GB 51157—2016)相关要求。

117. 民用建筑按使用性质可以分为几类?

民用建筑可以分为住宅建筑和公共建筑两类。需要注意的是,宿舍、公寓等非住宅类居住建筑的防火要求应符合有关公共建筑的规定。

118. 民用建筑按建筑高度可以分为几类?

(1)单、多层建筑。可细分为建筑高度 ≤ 27 m 的住宅建筑(包括设置商业服务网点的住宅建筑)、> 24 m 的单层公共建筑和建筑高度 ≤ 24 m 的其他公共建筑。

(2)高层建筑。可细分为一类高层建筑和二类高层建筑。

一类高层建筑指建筑高度 > 54 m 的住宅建筑(包括设置商业服务网点的住宅建筑)、建筑高度 > 50 m 的公共建筑;建筑高度 > 24 m 以上部分,任一楼层建筑面积大于 1 000 m² 的商店、展览、电信、邮政、财贸金融建筑和其他多种功能组合的建筑;医疗建筑、重要公共建筑,独立建造的老年人照料设施;省级及以上的广播电视和防灾指挥调度建筑、网局级和省级电力调度建筑;藏书超过 100 万册的图书馆和书库。一类高层公共建筑外的其他高层公共建筑,都是二类高层建筑。

119. 什么是重要公共建筑?

重要公共建筑是指发生火灾可能造成重大人员伤亡、财产损失和严重社会影响的公共建筑。

120. 什么是裙房？

裙房是指在高层建筑主体投影范围外，与建筑主体相连且建筑高度不大于24 m 的附属建筑。

121. 什么是商业服务网点？

商业服务网点是指设置在住宅建筑的首层或首层及二层，每个分隔单元建筑面积不大于 300 m² 的商店、邮政所、储蓄所、理发店等小型营业性用房。

122. 什么是防火间距？

防火间距是指防止着火建筑在一定时间内引燃相邻建筑，便于消防扑救的间隔距离。

123. 什么是安全出口？

安全出口是指供人员安全疏散用的楼梯间和室外楼梯的出入口或直通室内外安全区域的出口。

124. 什么是封闭楼梯间？

封闭楼梯间是指在楼梯间入口处设置门，以防止火灾的烟和热气进入的楼梯间。

125. 什么是防烟楼梯间？

防烟楼梯间是指在楼梯间入口处设置防烟的前室、开敞式阳台或凹廊（统称前室）等设施，且通向前室和楼梯间的门均为防火门，以防止火灾的烟和热气进入的楼梯间。

126. 什么是消防前室？

消防前室是指设置在高层建筑疏散走道与楼梯间或消防电梯间之间的具有防火、防烟、缓解疏散压力和方便实施灭火战斗展开的空间，其与疏散走道和楼梯间之间用乙级防火门分隔，空间面积通常在 4.5 ~ 10 m² 之间，空间内需要安装消火栓等消防设施。

127. 消防前室可分为几类？

消防前室通常分为三类：防烟楼梯间的前室、消防电梯间的前室和两者的合用前室。

128. 什么是避难层？

避难层是指建筑内用于人员暂时躲避火灾及其烟气危害的楼层，同时避难层也可以作为行动有障碍的人员暂时避难等待救援的场所。通过避难层的防烟楼梯间应在避难层分隔、同层错位或上下层断开，人员必须要经避难层方能上下。

129. 什么情况下要设置避难层（间）？

要求设置避难层（间）的建筑包括：建筑高度大于 100 m 的住宅；建筑高度大于 100 m 的公共建筑：高层病房楼二层及以上的病房楼层、洁净手术部或是老年人照料设施。

130. 什么是避难走道？

避难走道是指采取防烟措施且两侧设置耐火极限不低于 3.00 h 的防火隔墙，用于人员安全通行至室外的走道。

131. 什么是消防电梯？

消防电梯是指在建筑物发生火灾时，供消防人员进行灭火与救援使用且具有一定功能的电梯。

132. 消防电梯和普通客梯有什么区别？

消防电梯和普通客梯在设计目的、功能特性、安全要求及使用场景上存在显著差异。消防电梯专门用于高层建筑火灾时的救援和灭火工作，是消防人员进入起火部位的主要进攻路线；而普通客梯在火灾等紧急情况下被禁止使用，以避免因停电、变形等导致的安全风险。

133. 什么是防烟分区？

防烟分区是指在建筑内部通过设置挡烟设施（如挡烟垂壁、结构梁及隔墙等）来划分，旨在防止烟气向同一防火分区的其余部分蔓延的局部空间。这种分区不应跨越防火分区，以确保在火灾发生时，烟气被限制在特定的区域内，有助于减少烟气对人员疏散和救援的影响，从而提高建筑的安全性。

134. 什么是防烟系统？

防烟系统是指通过采用自然通风方式，防止火灾烟气在楼梯间、前室、避难层（间）等空间内积聚，或通过采用机械加压送风方式阻止火灾烟气侵入楼梯间、前室、避难层（间）等空间的系统，防烟系统分为自然通风系统和机械加压送风系统。

135. 什么是挡烟垂壁？

挡烟垂壁是指用不燃材料制成，垂直安装在建筑顶棚、梁或吊顶下，能在火灾时形成一定的蓄烟空间的挡烟分隔设施。

136. 什么是排烟系统？

排烟系统是指采用自然排烟或机械排烟的方式，将房间、走道等空间的火灾烟气排至建筑物外的系统，分为自然排烟系统和机械排烟系统。

137. 什么是排烟阀？

排烟阀是指安装在机械排烟系统各支管端部（烟气吸入口）处，平时呈关闭状态并满足漏风量要求，火灾时可手动和电动启闭，起排烟作用的阀门。一般由阀体、叶片、执行机构等部件组成。

138. 什么是排烟防火阀？

排烟防火阀是指安装在机械排烟系统的管道上，平时呈开启状态，火灾时当排烟管道内烟气温度达到 280 ℃时关闭，并在一定时间内能满足漏烟量和耐火完整性要求，起隔烟阻火作用的阀门。

139. 什么是防火分区？

防火分区是指在建筑内部采用防火墙、楼板及其他防火分隔设施分隔而成，能在一定时间内防止火灾向同一建筑的其余部分蔓延的局部空间。

140. 什么是防火墙？

防火墙是指防止火灾蔓延至相邻建筑或相邻水平防火分区且耐火极限不低于 3.00 h 的不燃性墙体。甲、乙类厂房和甲、乙、丙类仓库的防火墙，其耐火极限不应低于 4.00 h。

141. 什么是防火隔墙？

防火隔墙是指建筑内防止火灾蔓延至相邻区域且耐火极限不低于规定要求的不燃性墙体。

142. 什么是防火卷帘？

防火卷帘是由卷轴、导轨、座板、门楣、箱体、帘面及防火卷帘用卷门机、防火卷帘控制器等部件组成，具有一定耐火性能的卷帘门组件。

143. 防火卷帘的"一步降"和"两步降"是什么意思？

防火卷帘的联动控制，根据其是否设置在疏散通道而具有不同的要求。

（1）疏散通道上设置的防火卷帘的联动控制方式。防火分区内任两只独立的感烟火灾探测器或任一只专门用于联动防火卷帘的感烟火灾探测器的报警信号应联动控制防火卷帘下降至距楼板面 1.8 m 处；任一只专门用于联动防火卷帘的感温火灾探测器的报警信号应联动控制防火卷帘下降到楼板面；在卷帘的任一侧距卷帘纵深 0.5 ~ 5 m 内应设置不少于 2 只专门用于联动防火卷帘的感温火灾探测器。这种联动控制方式就是我们常说的"两步降"。需要注意的是，地下车库车辆通道上设置的防火卷帘也应按疏散通道上设置的防火卷帘的设置要求设置。

（2）非疏散通道上设置的防火卷帘的联动控制方式。应由防火卷帘所在防火分区内任两只独立的火灾探测器的报警信号，作为防火卷帘下降的联动触发信号，并应联动控制防火卷帘直接下降到楼板面。也就是"一步降"。

144. 防火卷帘日常管理基本要求是什么？

（1）防火卷帘的外观应保持完整，与楼板、墙体等防火分隔处不应存在孔洞和缝隙。

（2）防火卷帘可以按照手动控制、自动控制和机械控制的方式在规定时间内下降至底部，并将动作信号反馈至消防控制室。

（3）防火卷帘下严禁堆物并应设置醒目的警戒线。

145. 什么是防火门？

防火门是指在一定时间内能满足耐火稳定性、完整性和隔热性要求的门。它是设在防火分区间、疏散楼梯间、垂直竖井等具有一定耐火性的防火分隔物。防火门按开闭状态的不同，分为常开式防火门和常闭式防火门两种类型。

146. 什么是常闭式防火门？

常闭式防火门是指平时始终保持在关闭状态的防火门。火灾发生时，闭合状态下的防火门可以有效延缓过火楼层的火势和浓烟向楼梯间、消防通道或者其他楼层蔓延，避免烟气或火势通过门洞窜入疏散通道内，保证疏散通道在一定时间内的相对安全。

147. 什么是常开式防火门?

常开式防火门是在普通常闭活动式防火门上加装常开防火门释放装置，平时由常开控制器输出 DC24 V 工作电压给防火门电磁门吸释放器，使电磁门吸合防火门门页定位，将门保持常开状态；遇火警时常开控制器接收消防联动信号或感烟探测器信号后，使电磁门吸失电释放门体，控制器左、右门分别断电（延时约6 s），防火门左右门扇在防火门闭门器作用下顺序关闭，同时控制器反馈释放动作信号，如需反馈防火门关闭信号则增加门碰开关。

148. 什么是防火门监控系统?

防火门监控系统是火灾自动报警系统的一个子系统，其主要作用是监控疏散通道上防火门的开闭及故障状态。

149. 防火门、防火窗按照耐火极限分为几个等级?

防火门、防火窗应划分为甲、乙、丙三级，其耐火隔热性、耐火完整性大于等于以下数值：甲级应为 1.50 h，乙级应为 1.00 h，丙级应为 0.50 h。

150. 不同等级的防火门应用场景有哪些?

甲级防火门一般设置在需要开门的防火墙上和防火结构上，乙级防火门一般设置在疏散楼梯间及前室，丙级防火门一般设置在竖向管井。另外，重要设备间需要设置相应等级的防火门，常用的设备间有变配电室（甲级）、通风空气调节机房（甲级）、消防水泵房（甲级）、电梯机房（甲级）、发电机房（甲级）、储油间（甲级）、消防控制室（乙级）、灭火设备室（乙级）。

151. 疏散逃生门的开启方向和设置形式有什么要求?

为确保人群紧急疏散情况下不会因疏散门而出现阻滞或无法疏散的情况,民用建筑和厂房的疏散门应采用向疏散方向开启的平开门,不应采用推拉门、卷帘门、吊门、转门和折叠门。

152. 人员密集场所平时需要控制人员随意出入的安全出口、疏散门或设置门禁系统的疏散门有哪些基本要求?

应保证火灾时能从内部直接向外推开,并应在门上设置"紧急出口"标识和使用提示。可以根据实际需要选用以下方法或其他等效的方法:

(1)设置安全控制与报警逃生门锁系统,其报警延迟时间不应超过 15 s。

(2)设置能远程控制和现场手动开启的电磁门锁装置;当设置火灾自动报警系统时,应与系统联动。

(3)设置推闩式外开门。

153. 为什么疏散走道和安全出口的顶棚、墙面等部位不允许使用镜面反光材料进行装修?

因为镜面反光材料会干扰视觉,导致逃生时间及最佳逃生时机的判断受到影响,同时也会影响消防救援行动的实施。

154. 装修材料按其使用部位和功能可分为几类?

可分为顶棚装修材料、墙面装修材料、地面装修材料、隔断装修材料、固定家具、装饰织物(如窗帘、帷幕、床罩、家具包布等)、其他装饰材料(如楼梯扶手、挂镜线、踢脚板、窗帘盒、暖气罩等)七类。

155. 装修材料按燃烧性能可分为几级?

装修材料按其燃烧性能应划分为四级,分别为 A 级(不燃性)、B_1 级(难燃性）、B_2 级（可燃性）、B_3 级（易燃性）。

156. 人员密集场所的门窗为什么不能设置防盗窗、铁栅栏？

根据《消防法》的规定，任何单位、个人不得在人员密集场所的门窗设置影响逃生和灭火救援的障碍物，如防盗窗、铁栅栏等。这是因为，人员密集场所一旦发生火灾，人员密集且流动性大，逃生和救援难度大。设置防盗窗、铁栅栏等障碍物会阻碍人员迅速疏散，延长疏散时间，增加人员伤亡风险。

157. 什么是疏散通道？

疏散通道是建筑物内具有足够防火和防烟能力，主要满足人员安全疏散要求的通道，通常是指疏散时人员从房间内至房间门，从房间门至疏散楼梯，直至室外安全区域的通道。在日常生活中，常见的疏散通道包括建筑物的疏散走道、疏散楼梯、安全出口等，是发生火情时重要的"生命通道"。

158. 什么是消防车道？

消防车道是指火灾情况下供消防车通行的道路。设置消防车道的目的在于保障火灾发生时消防车顺利到达火场，消防救援人员能迅速开展灭火救援行动，及时扑灭火灾，最大限度地减少人员伤亡和财产损失。

159. 设置消防车道有什么要求？

（1）消防车道净宽和净空高度均应不小于 4.0 m，供消防车停留的空地其坡度不宜大于 3%，消防车道上的管道和暗沟应能承受大型消防车的压力。

（2）环形消防车道至少应有两处与其他车道连通。

（3）尽头式消防车道应设回车道或回车场，回车场的面积不应小于 12 m × 12 m，对于高层建筑，不宜小于 15 m × 15 m；供大型消防车使用的回车场面积不宜小于 18 m × 18 m。

160. 什么是消防登高面？

消防登高面又称消防车登高操作场地，是消防车靠近高层主体建筑，开展消防车登高作业、救援的建筑操作空间。按国家建筑防火设计规范，高层建筑都必须设消防登高面，且不能做其他用途。

161. 什么是消防救援窗？

消防救援窗是指用于救援的窗户，发生险情时供消防救援人员爬进建筑物开展救援活动，有救援和逃生功能。

162. 消防救援窗有哪些设置要求？

除有特殊要求的建筑和甲类厂房可不设置消防救援窗外，在建筑的外墙上应设置便于消防救援人员出入的消防救援窗，并应符合下列规定：

（1）沿外墙的每个防火分区在对应消防救援操作面范围内设置的消防救援窗不应少于2个。

（2）无外窗的建筑应每层设置消防救援窗，有外窗的建筑应自第三层起每层设置消防救援窗。

（3）消防救援窗的净高度和净宽度均不应小于1.0 m；当利用门时，净宽度不应小于0.8 m。

（4）消防救援窗应易于从室内和室外打开或破拆；采用玻璃窗时，应选用安全玻璃。

（5）消防救援窗应设置可在室内和室外识别的永久性明显标志。

163. 什么是火灾自动报警系统？

火灾自动报警系统是指探测火灾早期特征、发出火灾报警信号，为人员疏散、防止火灾蔓延和启动自动灭火设备提供控制与指示的消防系统。

164. 火灾自动报警系统有几种系统形式？

火灾自动报警系统有区域报警系统、集中报警系统和控制中心报警系统三种形式。

（1）仅需要报警，不需要联动自动消防设备的保护对象，宜采用区域报警系统。

（2）不仅需要报警，同时需要联动自动消防设备，且只设置一台具有集中控制功能的火灾报警控制器和消防联动控制器的保护对象，应采用集中报警系统，并应设置一个消防控制室。

（3）设置两个及以上消防控制室的保护对象，或已设置两个及以上集中报警系统的保护对象，应采用控制中心报警系统。

165. 火灾探测器有哪些类型？

根据火灾探测器探测火灾特征参数的不同，可以将其分为感烟、感温、感光、气体、复合五种基本类型。

166. 什么是可燃气体探测报警系统？

可燃气体探测报警系统由可燃气体探测器、可燃气体报警控制器和火灾声光警报器组成，能够在保护区域内泄漏可燃气体的浓度低于爆炸下限的条件下提前报警，从而预防由于可燃气体泄漏引发的火灾和爆炸事故的发生。

167. 什么是电气火灾监控系统？

电气火灾监控系统是指当被保护线路中的被探测参数超过报警设定值时，能发出报警信号、控制信号并能指示报警部位的系统，由电气火灾监控设备（非必需）和电气火灾监控探测器组成。

168. 什么是手动火灾报警按钮？

手动火灾报警按钮是火灾报警系统中的一个设备类型，它的主要作用是在火灾探测器未能探测到火灾时，由人员手动按下按钮来报告火灾信号。这种按钮通常安装在公共场所，当人工确认火灾发生后，通过按下按钮上的有机玻璃片，可以向火灾报警控制器发出信号。火灾报警控制器接收到报警信号后，会显示出报警按钮的编号或位置并发出报警音响，从而实现对火灾的快速响应。

169. 什么是消防控制室？

消防控制室被誉为消防系统的"大脑"，是设有火灾自动报警控制设备和消防控制设备，用于接收、显示、处理火灾报警信号，控制相关消防设施的专门场所。具有消防联动功能的火灾自动报警系统的保护对象中应设置消防控制室。

170. 消防控制室设置在哪里？

附设在建筑内的消防控制室，宜设置在首层或地下一层靠外墙的部位，并采用耐火极限不低于 2.00 h 的隔墙和耐火极限不低于 1.50 h 的楼板与其他部位进行分隔，并应设直通室外的安全出口。

171. 什么是消防控制室图形显示装置？

消防控制室图形显示装置是指消防控制室用来接收火灾报警、故障信息，发出声光信号，并在显示器上模拟现场的建筑平面图相应位置显示火灾、故障等信息的图形显示装置，图形显示装置也能向监控中心传输信息。

172. 什么是自动喷水灭火系统？

自动喷水灭火系统是指由洒水喷头、报警阀组、水流报警装置（水流指示器或压力开关）等组件，以及管道、供水设施组成，并能在发生火灾时喷水的自动灭火系统。

173. 自动喷水灭火系统有几种形式？

自动喷水灭火系统有湿式系统、干式系统、预作用式系统、雨淋系统、水幕系统、自动喷水－泡沫联用系统等形式。

174. 洒水喷头有哪些形式？

当发生火灾时，水通过洒水喷头溅水盘洒出进行灭火，分为下垂型洒水喷头、直立型洒水喷头、普通型洒水喷头、边墙型洒水喷头、隐蔽式（吊顶型）洒水喷头等。

175. 洒水喷头中间的热敏玻璃球颜色代表什么含义？

当洒水喷头周边环境温度达到预设动作温度时（火灾），玻璃球自动破裂喷水灭火，其中各类颜色动作温度为红色 68 ℃、黄色 79 ℃、绿色 93 ℃、蓝色 141 ℃。一般也就会使用到这几种，而红色则是我们生活中最常用的喷淋头。

176. 湿式自动喷水灭火系统有几种启动方式？

（1）连锁启动。应由消防水泵出水干管上设置的压力开关、高位消防水箱出水管上的流量开关和报警阀组压力开关直接自动启动消防水泵。此种方式是消防系统自身完成的，不需要火灾自动报警系统参与，因此自然不受消防联动控制器状态影响。

（2）联动启动。消防联动控制器处于自动状态下，火灾报警系统接收到报警阀压力开关的动作信号（在老版本规范中，也可以是消火栓按钮的动作信号）和两个探测器的动作信号后，通过消防联动控制器远程联动启动消防水泵。

（3）手动控制。包括通过消防控制室的多线盘远程操控消防泵的启停、通过消防水泵控制柜现场手动启停，以及机械应急启动。

177. 什么是雨淋系统？

雨淋系统是指由火灾自动报警系统或传动管控制，自动开启雨淋报警阀和启动供水泵后，向开式洒水喷头供水的自动喷水灭火系统，也称开式系统。

178. 什么是水幕系统?

水幕系统是指由开式洒水喷头或水幕喷头、雨淋报警阀组或感温雨淋阀,以及水流报警装置(水流指示器或压力开关)等组成,用于挡烟阻火和冷却分隔物的喷水系统。

179. 什么是自动喷水 – 泡沫联用系统?

自动喷水 – 泡沫联用系统是指配置供给泡沫混合液的设备后,组成既可喷水又可喷泡沫的自动喷水灭火系统。

180. 什么是泡沫灭火系统?

泡沫灭火系统是指通过机械作用将泡沫灭火剂、水与空气充分混合并产生泡沫实施灭火的灭火系统。

181. 泡沫灭火系统按喷射方式可分为几类?

泡沫灭火系统按喷射方式可分为液上喷射系统、液下喷射系统和半液下喷射系统。

182. 泡沫灭火系统按系统结构可分为几类?

泡沫灭火系统按系统结构可分为固定式、半固定式和移动式。

183. 泡沫灭火系统按发泡倍数可分为几类?

泡沫灭火系统按发泡倍数可分为低倍数泡沫灭火系统、中倍数泡沫灭火系统和高倍数泡沫灭火系统。

(1)低倍数泡沫灭火系统:发泡倍数小于 20 的泡沫灭火系统,是甲、乙、丙类液体储罐及石油化工装置区等场所的首选灭火系统。

(2)中倍数泡沫灭火系统:发泡倍数为 20 ~ 200 的泡沫灭火系统,在实际工程中应用较少，多用作辅助灭火设施；高倍数泡沫灭火系统。

（3）高倍数泡沫灭火系统：发泡倍数大于 200 的泡沫灭火系统。

184. 泡沫灭火系统按系统形式可分为几类？

泡沫灭火系统按系统形式可分为全淹没系统、局部应用系统、移动系统、泡沫 – 水喷淋系统和泡沫喷雾系统。

185. 什么是水喷雾灭火系统？

水喷雾灭火系统是指由水源、供水设备、管道、雨淋报警阀（或电动控制阀、气动控制阀）、过滤器和水雾喷头等组成，向保护对象喷射水雾进行灭火或防护冷却的系统。

186. 水喷雾灭火系统应用于哪些场景？

水喷雾灭火系统可用于扑救固体物质火灾、丙类液体火灾、饮料酒火灾和电气火灾，并可用于可燃气体和甲、乙、丙类液体的生产、储存装置或装卸设施的防护冷却。例如，可燃油油浸电力变压器、充可燃油的高压电容器、多油开关室等房间、飞机发动机试验台的试车部位、柴油发电机房、电缆隧（廊）道、天然气凝液、液化石油气罐区等。

187. 什么是水雾喷头？

水喷雾灭火系统的特点集中体现在水雾喷头上。水雾喷头是利用离心力或机械撞击力将流经喷头的水分解为细小的水雾，并以一定的喷射角将水雾喷出的一种喷头。因此，喷出的水雾呈几何锥体状。

188. 水雾喷头可分为几类？

水雾喷头按照水流特点可以分为离心式水喷头和撞击式水雾喷头。按照喷出的雾滴流速可分为高速水雾喷头和中速水雾喷头。离心式水雾喷头一般都是高速喷头，而撞击式水雾喷头一般都是中速喷头。需要强调的是，用于扑救电气火灾时，应选用离心雾化型水雾喷头。

189. 什么是细水雾灭火系统？

细水雾灭火系统是指由供水装置、过滤装置、控制阀、细水雾喷头等组件及供水管道组成，能自动和人工启动并喷放细水雾进行灭火或控火的固定灭火系统。

190. 细水雾灭火系统应用于哪些场景？

细水雾灭火系统适用于扑救相对封闭空间内的可燃固体表面火灾、可燃液体火灾和带电设备的火灾，例如档案室、图书库、计算机通信机房等。

191. 细水雾灭火系统可分为几类？

（1）按供水方式可分为瓶组式、泵组式和其他供水方式细水雾灭火装置。

（2）按流动介质类型可分为单流体和双流体细水雾灭火装置。

（3）按装置工作压力可分为高压细水雾灭火装置（$p \geqslant 3.50\,\mathrm{MPa}$）、中压细水雾灭火装置（$1.20\,\mathrm{MPa} \leqslant p < 3.50\,\mathrm{MPa}$）和低压细水雾灭火装置（$p < 1.20\,\mathrm{MPa}$）。

（4）按所使用的细水雾喷头形式，可分为开式和闭式细水雾灭火装置。

192. 水喷雾灭火系统和细水雾灭火系统有什么区别？

细水雾灭火系统的雾滴直径更小，通常小于 200 μm；而水喷雾灭火系统的雾滴直径较大，通常在 0.2 ~ 2 mm 之间。细水雾灭火系统由于其更小的雾滴直径，能够更快地汽化，迅速降温，冷却速度比一般喷淋系统快，且具有一定的穿透性，更适用于需要精细灭火的室内场所；而水喷雾灭火系统主要通过冷却、窒息、稀释等方式进行灭火，更适用于需要大面积冷却的室外场所。

193. 什么是消防水泵房？

消防水泵房被誉为消防系统的"心脏"，是担负供应消防用水任务的泵房。

消防水泵房内最主要的设备便是消防水泵及进、出水管上的组件。而另一个主角——水泵控制系统（包含水泵控制柜、动力柜、巡检柜、机械应急柜等），也常常设置于水泵房内。在一些水泵房空间较大的场所，有些设计还会将稳压系统、报警阀组等一并设置在内。

194. 消防水泵控制柜在什么情况下设置在手动启动状态？

部分单位担心自动状态下"意外联动启动消防水泵造成意外损失"，因此长期将消防泵设置于手动启动状态，这种观念是错误的。湿式自动喷水灭火系统的启动依赖于闭式喷头的破裂或开启，设置在自动状态并不会造成喷淋系统直接启动。《消防给水及消火栓系统技术规范》（GB 50974—2014）明确要求，消防水泵控制柜在平时应使消防水泵处于自动启泵状态。当自动水灭火系统为开式系统，且设置自动启动确有困难时，经论证后消防水泵可设置在手动启动状态，并应确保24小时有人工值班。设备维护、试验、保养时，可以把消防泵临时打到手动状态防止误启动，工作完毕后应及时调回自动启动状态。

195. 什么是湿式报警阀？

湿式报警阀是湿式自动喷水灭火系统最主要的设备之一，当火灾发生时，能够迅速启动消防设备进行灭火，并发出报警信号。湿式报警阀组主要包括湿式报警阀、延时器、压力开关、水力警铃、水源蝶阀和压力表等组件。

196. 水力警铃前为什么要设置延时器？

延迟器是消防自动喷水灭火系统中的一个部件，安装在压力开关前面，延迟器的作用是防止湿式报警阀因水压波动开启后水进入压力开关而导致水泵误动作，主要起着防误报警的作用，同时也减小消防水泵频繁启停造成的设备磨损。

197. 什么是消防泵？

消防泵是涉及各种消防系统供水的专用泵的统称，包括喷淋泵、消火栓泵、稳压泵等。喷淋泵主要用于消防喷淋系统，通过喷淋头将水喷洒在火灾现场进行灭火；消火栓泵则主要用于城市消火栓系统，通过消火栓将水引入火灾现场进行灭火。

198. 什么是室内消火栓系统？

室内消火栓是消防灭火设施中最常见也是最重要的成员之一。室内消火栓系统则是由室内消火栓、消防水泵、稳压泵、管网、水泵接合器等组成的灭火系统。其通过平时自动保压、使用时手动操作、出水后自动启泵的方式保证其灭火的有效性和可靠性。

199. 室内消火栓箱内有哪些基本配件？

消火栓箱是固定安装在建筑物内的消防给水管路上，由箱门、箱体、室内消火栓、消防接口、消防水带、消防水枪、消防软管卷盘及电器设备等消防器材组成，具有给水、灭火、控制及报警等功能的箱式消防装置。

200. 如何使用室内消火栓？

室内消火栓的操作方法如下：打开消火栓箱门，然后拉出水带、拿出水枪，将水带一头与消火栓出水口接好，另一头与水枪接好，展开水带，一人握紧水枪，然后开启消火栓闸阀，通过水枪产生的射流，将水射向着火点。

使用消防软管卷盘时，首先打开箱门将卷盘旋出，拉出胶管和小口径水枪，开启供水闸阀即可进行灭火。使用完毕后，先关闭供水闸阀，待胶管排除积水后卷回卷盘，将卷盘转回消火栓箱。消防软管卷盘可 2 人操作，一人拿出水管，另一人等待打开水阀放水，进行灭火。

201. 室内消火栓有哪些设置要求？

（1）建筑占地面积大于 300 m^2 的厂房（仓库）、超过 5 层或体积大于 10 000 m^3 的办公楼、非住宅类居住建筑等其他民用建筑，应设置 DN65 的室内消火栓，建筑物各层均应设置消火栓。

（2）消火栓阀门中心距地面为 1.1 m，其出水方向宜向下或与墙面成 90°，墙壁两侧共用的消火栓宜选用可旋转式消火栓。

（3）消火栓水带应选用 ϕ 10 以上的型号，外观应当完整无损、无腐蚀、无污染现象，与接头应当绑扎牢固；消防水喉接口绑扎组件应当完整、无渗漏现象，与接头绑扎牢固。

（4）室内消火栓应设置固定标识，不应上锁，周边不应堆放物品。

202. 室内消火栓的栓口压力有哪些设置要求？

（1）消火栓栓口动压不应大于 0.50 MPa，当大于 0.70 MPa 时必须设置减压装置。

（2）高层建筑、厂房、库房和室内净空高度超过 8 m 的民用建筑等场所的消火栓栓口动压不应小于 0.35 MPa，且消防水枪充实水柱应按 13 m 计算；其他场所的消火栓栓口动压不应小于 0.25 MPa，且消防水枪充实水柱应按 10 m 计算。

203. 什么是干式消防竖管？

干式消防竖管是一种平时无水，火灾发生后由消防车通过首层外墙接口向室内干式消防竖管供水，消防队员用自携消防水带接驳竖管上的消火栓口投入火灾扑救的消防设施。干式消防竖管应设置消防车供水接口，且接口应设置在首层便于消防车接近和安全的地点，竖管顶端应设置自动排气阀。当建筑高度不大于 27 m 的住宅建筑，设置室内消火栓系统确有困难时，可只设置干式消防竖管和不带消火栓箱的 DN65 的室内消火栓。

204. 为什么要进行分区供水？

（1）随着建筑高度的增加，室内消防给水系统面临着超压的问题。分区供水可以有效地解决室内消防给水系统的超压问题，确保消防水的正常供应和使用。

（2）可以确保高层建筑在发生火灾时，消防给水系统能够迅速、准确地提供灭火用水，从而提高消防给水的安全性和有效性。

205. 什么情况下需要进行分区供水？

当符合下列条件时，消防给水系统应分区供水：

（1）系统工作压力大于 2.4 MPa；

（2）消火栓栓口处静压大于 1.0 MPa；

（3）自动水灭火系统报警阀处的工作压力大于 1.60 MPa 或喷头处的工作压力大于 1.20 MPa。

206. 分区供水的形式有哪些？

分区供水形式应根据系统压力、建筑特征，经技术经济和安全可靠性等综合因素确定，可采用消防水泵并行或串联、减压水箱和减压阀减压的形式，但当系统工作压力大于 2.40 MPa 时，应采用消防水泵串联或减压水箱分区供水形式。

207. 什么是消防水源？

消防水源是指向水灭火设施、车载或手抬等移动消防水泵、固定消防水泵等提供消防用水的水源，包括市政给水、消防水池、高位消防水箱和天然水源等。

208. 什么是消防水池？

消防水池是人工建造的储水设施，专供储存消防用水，是对天然水源与市政管网水源的重要补充手段。当市政给水管网或入户引入管不能满足室内、室外消防给水设计流量时，应设置消防水池。

209. 什么是高位消防水箱？

高位消防水箱是指设置在高处直接向水灭火设施提供重力、供应初期火灾消防用水量的储水设施。

210. 作为消防水源的天然水源有什么要求?

天然水源作为消防水源使用时,应在水质和水量、最不利水位高度、防冻和防杂物堵塞措施等方面满足消防要求。

211. 什么是水泵接合器?

水泵接合器是供消防车向消防给水管网输送消防用水的预留接口。它既可用于补充消防水量,也可用于提高消防给水管网的水压。在火灾情况下,当建筑物内消防水泵发生故障或室内消防用水不足时,消防车从室外取水通过水泵接合器将水送到室内消防给水管网,供灭火使用。

212. 什么是室外消火栓?

室外消火栓是设置在建筑物外面消防给水管网上的供水设施,主要供消防车从市政给水管网或室外消防给水管网取水实施灭火,也可以直接连接水带、水枪出水灭火,是扑救火灾的重要消防设施之一。

213. 室外消火栓有哪些形式?

传统的有地上式消火栓、地下式消火栓;新型的有室外直埋伸缩式消火栓。地上式在地上接水,操作方便,但易被碰撞,易受冻;地下式防冻效果好,但需要建较大的地下井室,且使用时消防队员要到井内接水,非常不方便。室外直埋伸缩式消火栓平时消火栓压回地面以下,使用时拉出地面工作。

214. 室外消火栓水枪的充实水柱高度不小于多少?

不小于 10 m(从地面算起)。

215. 什么是消防水鹤？

消防水鹤是一种专用的消防给水设施，因为它的形状像鹤而得名，上部伸出的横向输水管能左右旋转，前端弯下来的部分像鹤的头部，具有出水量大、水易出易回、不易冻结等特点，因此主要设置在北方寒冷地区。

216. 什么是固定消防炮灭火系统？

固定消防炮灭火系统是指由固定消防炮和相应配置的系统组件组成的固定灭火系统。

217. 固定消防炮灭火系统应用于哪些场景？

固定消防炮灭火系统是用于保护面积较大、火灾危险性较高且价值较昂贵的重点工程的群组设备等要害场所，能及时、有效地扑灭较大规模区域性火灾的灭火威力较大的固定灭火设备，在消防工程设计上有其特殊要求。

218. 固定消防炮灭火系统可分为几类？

固定消防炮灭火系统按喷射介质可分为水炮系统、泡沫炮系统和干粉炮系统。

219. 什么是自动跟踪定位射流灭火系统？

自动跟踪定位射流灭火系统是指以水为射流介质，利用探测装置对初期火灾进行自动探测、跟踪、定位，并运用自动控制方式来实现射流灭火的固定灭火系统。

220. 自动跟踪定位射流灭火系统应用于哪些场景？

自动跟踪定位射流灭火系统在体育场馆、展览厅、剧院、机场与火车站的候车厅、带有大型中庭的商业建筑、家具城、工业厂房等各类重要场所中广泛应用，尤其适用于净空高度高、容积大、火场温升较慢、难以设置闭式自动喷水灭火系统的高大空间场所。

221. 自动跟踪定位射流灭火系统可分为几类？

自动跟踪定位射流灭火系统按灭火装置流量大小及射流方式，可分为自动消防炮灭火系统、喷射型自动射流灭火系统和喷洒型自动射流灭火系统。

222. 什么是"四大固定式灭火系统"？

"四大固定式灭火系统"是指水灭火系统、气体灭火系统、泡沫灭火系统和干粉灭火系统。

223. 什么是气体灭火系统？

气体灭火系统是指平时灭火剂以液体、液化气体或气体状态存储于压力容器内，灭火时以气体（包括蒸汽、气雾）状态喷射作为灭火介质的灭火系统，并能在防护区空间内形成各方向均一的气体浓度，而且至少能保持该灭火浓度达到规范规定的浸渍时间，实现扑灭该防护区的空间、立体火灾。系统由储存容器、容器阀、选择阀、液体单向阀、喷嘴和阀驱动装置组成。

224. 气体灭火系统应用于哪些场景？

气体灭火系统主要用在不适于设置水灭火系统等其他灭火系统的环境中，比如计算机机房、重要的图书馆档案馆、移动通信基站（房）、不间断电源（uninterrupted power supply, UPS）室、电池室和一般的柴油发电机房等。

225. 气体灭火系统按装配形式可分为几类？

气体灭火系统按装配形式可以分为管网灭火系统和预制灭火系统（亦称无管网灭火装置）。

226. 气体灭火系统按应用方式可分为几类？

气体灭火系统按应用方式可以分为全淹没气体灭火系统和局部应用气体灭火系统。全淹没气体灭火系统是在规定的时间内，向防护区喷射一定浓度的灭火剂，使其均匀地充满整个防护区空间的系统；局部应用气体灭火系统是直接向燃烧着的可燃物或危险区域喷射一定量的灭火剂的系统。

特别需要指出的是：二氧化碳灭火系统是目前唯一可进行局部应用的气体灭火系统，且全淹没二氧化碳灭火系统不应用于经常有人停留的场所。

227. 气体灭火系统按使用的灭火剂可分为几类？

气体灭火系统按使用的灭火剂可以分为七氟丙烷灭火系统（HFC-227ea）、IG541 混合气体灭火系统（即 52% 氮、40% 氩、8% 二氧化碳）、二氧化碳灭火系统和热气溶胶灭火系统。此外，还有已被禁止生产使用的卤代烷灭火系统。

228. 什么是热气溶胶？

热气溶胶是指由固体化学混合物（热气溶胶发生剂）经化学反应生成的具有灭火性质的气溶胶，包括 S 型热气溶胶、K 型热气溶胶和其他型热气溶胶。

229. 什么是卤代烷（哈龙）灭火剂？

卤代烷（哈龙）灭火剂又称氟溴烷烃灭火剂，是由一种或多种卤族元素取代碳氢化合物中氢元素的高效快速汽化液体灭火剂。主要有一氯一溴甲烷（简称 1011）、二氟二溴甲烷（简称 1202）、二氟一氯一溴甲烷（简称 1211）、三氟一溴甲烷（简称 1301）、四氟二溴乙烷（简称 2402）。我国曾经主要生产 1211 灭火剂、1301 灭火剂。

230. 卤代烷（哈龙）灭火剂为什么被淘汰？

20 世纪 80 年代初有关专家研究表明，包括卤代烷（哈龙）灭火剂在内的氯氟烃类物质在大气中的排放，将导致对大气臭氧层的破坏，危害人类的生存环境。1990 年 6 月在英国伦敦由 57 个国家共同签订了《蒙特利尔议定书》（修正案），决定逐步停止生产和逐步限制使用氟利昂、卤代烷（哈龙）灭火剂。中国于 1991 年 6 月加入了《蒙特利尔议定书》（修正案）缔约国行列，承诺 2005 年停止生产卤代烷（哈龙）1211 灭火剂，2010 年停止生产卤代烷（哈龙）1301 灭火剂，并于 1996 年颁布实施《中国消防行业卤代烷（哈龙）整体淘汰计划》。

231. 什么是干粉灭火系统？

干粉灭火系统是指由干粉供应源通过输送管道连接到固定的喷嘴上，通过喷嘴喷放干粉的灭火系统。

232. 什么是手提式灭火器？

手提式灭火器是指总质量不大于 23 kg 的二氧化碳灭火器以及总质量不大于 20 kg 的其他类型灭火器。可手提移动，能够在内部压力作用下，将灭火剂喷出，实现火灾扑救功能。

233. 灭火器按充装的灭火剂可分为几类？

可分为干粉灭火器、水基型灭火器、二氧化碳灭火器和洁净气体灭火器。此外，还有国家政策明令淘汰的酸碱灭火器、四氯化碳灭火器、化学泡沫灭火器、储气瓶水型灭火器和卤代烷灭火器等。

234. 灭火器的维修期限是多少？

《灭火器产品维修、更换及售后服务》（T/CPQS XF003—2023）团体标准中规定，存在机械损伤、明显锈蚀、灭火剂泄露、被开启使用过或符合其他维修条件的灭火器应及时进行维修。水基型灭火器出厂期满 3 年、首次维修后每满 1 年的；干粉灭火器、洁净气体灭火器和二氧化碳灭火器出厂期满 5 年、首次维修后每满 2 年的，应进行维修。灭火器一经使用，必须重新充装。

235. 灭火器的报废年限是多少？

《消防设施通用规范》（GB 55036—2022）第 10.0.8 条规定，灭火器自出厂日期算起，水基型灭火器达到 6 年、干粉灭火器和洁净气体灭火器达到 10 年、二氧化碳灭火器和储气瓶达到 12 年的，应报废。出厂日期可通过查看灭火器筒体上面的钢印进行确认。

236. 手提式干粉灭火器的操作方法是什么？

手提式干粉灭火器的操作方法是：先拔下保险销，将喷嘴对准火焰根部，用力按下压把，来回扫射。干粉灭火器在喷粉灭火过程中应始终保持直立状态，不能横卧或颠倒使用。

237. 为什么有干粉灭火剂使用前需要"摇一摇"这种说法？

"摇一摇"之所以会流行起来，还得从我国干粉灭火剂的发展说起。1968 年，北京某厂研制并生产出第一代钠盐干粉，由于该产品流动性和抗吸湿性差、易结块，而未被推广和应用。20 世纪 70 年代初，上海某研究所研制出采用硬脂酸镁进行防潮处理的第二代钠盐干粉，其储存性能和应用性能较第一代有明显改观，但干粉灭火剂易结块的问题依然存在。自此，干粉灭火器使用时需要"摇一摇"，让干粉松动的操作方法，成为很多人的使用习惯，一度成为"教科书级别"的操作流程。然而经过近几十年的发展，如今 ABC 干粉灭火剂的制造工艺已经非常成熟，其内部添加有抗震实剂、防潮剂等，并经硅化处理，长期存储不结块；另外，国家政策明令淘汰的酸碱灭火器、化学泡沫灭火器和储气瓶水型灭火器使用时必须倒转，也是人们存此固有印象的一大原因。某些偏远地方可能还有没替换掉的倒转式灭火器，这种报废超过 10 年的灭火器在倒转后瞬间产生高压，有可能造成筒体破裂，伤害操作人员，非常危险。

238. 干粉灭火器压力表的颜色代表什么？

干粉灭火器的压力表分三段：第一段是红色区，指针指到红色区，表示灭火器内干粉压力小，不能喷出，已经失效，这时应到正规的消防器材店重新充装干粉；第二段是绿色区，指针指在该区，表示压力正常，可以正常使用；第三段黄色区，表示灭火器内的干粉压力过大，可以喷出干粉，但有爆炸的危险。

239. 使用二氧化碳灭火器有哪些注意事项？

（1）在使用时，需先将保险销拔出后再去按压把。

（2）在使用时要将喷口对着火焰底部喷射。

（3）二氧化碳在从液态转化为气态时，会吸收大量热量，导致局部温度急剧下降。在使用时，尽量避免喷筒和金属连接管与皮肤接触，否则容易导致受伤。

（4）在扑救火灾时，若电压超过600 V，要先断电再灭火。

四、日常消防安全管理问答

240. 什么是"三合一""多合一"？

"三合一"场所是指住宿与生产、仓储、经营一种或一种以上使用功能违章混合设置在同一空间内的建筑。"多合一"是指在上述基础上又有增加，如办公室、厨房等。

241. "三关一闭"是什么意思？

"三关一闭"中，"三关"是指关水、关电、关煤气；"一闭"是指关闭厨房门。

242. "三清三关"是什么意思？

"三清三关"是指清走道、清阳台、清厨房，关火源、关电源、关气源。

243. 公众场所消防安全"三提示"指什么内容？

（1）提示公众所在场所火灾危险性。

（2）提示公众所在场所安全出口和疏散通道。

（3）提示公众所在场所逃生设备器材具体放置位置和使用方法。

244. 单位员工消防安全"一懂三会"指什么？

一懂：懂得本场所用火、用电、用油、用气等火灾危险性。

三会：会报警，发现火灾后会迅速拨打119电话报警；会灭火，发生火灾后会使用灭火器、消防栓等扑救初起火灾；会疏散逃生，懂得疏散逃生技巧，发生火灾后迅速组织人员逃离现场。

245. 单位消防安全"四个能力"是哪些内容？

（1）检查消除火灾隐患能力。

（2）扑救初起火灾能力。

（3）组织人员疏散逃生能力。

（4）消防宣传教育培训能力。

246. 机关、团体、企业、事业等单位应当履行哪些消防安全职责？

（1）落实消防安全责任制，制定本单位的消防安全制度、消防安全操作规程，制定灭火和应急疏散预案。

（2）按照国家标准、行业标准配置消防设施、器材，设置消防安全标志，并定期组织检验、维修，确保完好有效。

（3）对建筑消防设施每年至少进行一次全面检测，确保完好有效，检测记录应当完整准确，存档备查。

（4）保障疏散通道、安全出口、消防车通道畅通，保证防火防烟分区、防火间距符合消防技术标准。

（5）组织防火检查，及时消除火灾隐患。

（6）组织进行有针对性的消防演练。

（7）法律、法规规定的其他消防安全职责。

247. 谁是单位的消防安全责任人？

法人单位的法定代表人或者非法人单位的主要负责人是单位的消防安全责任人，其对本单位的消防安全工作全面负责。

248. 单位的消防安全责任人应当履行哪些消防安全职责？

（1）贯彻执行消防法规，保障单位消防安全符合规定，掌握本单位的消防安全情况。

（2）将消防工作与本单位的生产、科研、经营、管理等活动统筹安排，批准实施年度消防工作计划。

（3）为本单位的消防安全提供必要的经费和组织保障。

（4）确定逐级消防安全责任，批准实施消防安全制度和保障消防安全的操作规程。

（5）组织防火检查，督促落实火灾隐患整改，及时处理涉及消防安全的重大问题。

（6）根据消防法规的规定建立专职消防队、义务消防队。

（7）组织制定符合本单位实际的灭火和应急疏散预案，并实施演练。

249. 单位的消防安全管理人应当落实哪些消防安全管理工作？

单位可以根据需要确定本单位的消防安全管理人。消防安全管理人对单位的消防安全责任人负责，实施和组织落实下列消防安全管理工作：

（1）拟订年度消防工作计划，组织实施日常消防安全管理工作；

（2）组织制订消防安全制度和保障消防安全的操作规程并检查督促其落实；

（3）拟订消防安全工作的资金投入和组织保障方案；

（4）组织实施防火检查和火灾隐患整改工作；

（5）组织实施对本单位消防设施、灭火器材和消防安全标志的维护保养，确保其完好有效，确保疏散通道和安全出口畅通；

（6）组织管理专职消防队和义务消防队；

（7）在员工中组织开展消防知识、技能的宣传教育和培训，组织灭火和应急疏散预案的实施和演练；

（8）单位消防安全责任人委托的其他消防安全管理工作。

消防安全管理人应当定期向消防安全责任人报告消防安全情况，及时报告涉及消防安全的重大问题。未确定消防安全管理人的单位，前款规定的消防安全管理工作由单位消防安全责任人负责实施。

250. 消防安全重点单位除应当履行《消防法》第十六条规定的职责外，还应当履行哪些消防安全职责？

（1）确定消防安全管理人，组织实施本单位的消防安全管理工作。

（2）建立消防档案，确定消防安全重点部位，设置防火标志，实行严格管理。

（3）实行每日防火巡查，并建立巡查记录。

（4）对职工进行岗前消防安全培训，定期组织消防安全培训和消防演练。

251. 单位消防安全重点部位一般是指哪些部位？

单位消防安全重点部位一般是指容易发生火灾，一旦发生火灾可能严重危及人身和财产安全，以及对消防安全有重大影响的部位。

252. 建筑内哪些设备用房应确定为消防安全重点部位且应如何设置？

通常建筑内的锅炉房、变配电室、空调机房、自备发电机房、储油间、消防水泵房、消防水箱间、防排烟风机房等设备用房应当按照消防技术标准设置，确定为消防安全重点部位，设置明显的防火标志，实行严格管理，并不得占用和堆放杂物。

253. 什么是多业态混合生产经营场所？

多业态混合生产经营场所包括集餐饮、住宿、娱乐、商业、仓储、文化、体育、培训等多业态多功能于一体的经营场所，分租、转租形成生产、储存多种功能的劳动密集型企业等场所。

254. 同一建筑物由两个以上单位管理使用的场所有哪些管理要求？

《消防法》第十八条规定，同一建筑物由两个以上单位管理或者使用的，应当明确各方的消防安全责任，并确定责任人对共用的疏散通道、安全出口、建筑消防设施和消防车通道进行统一管理。

255. 村（居）委有哪些消防安全职责？

《消防法》规定，村民委员会、居民委员会应当协助人民政府以及公安机关、应急管理等部门，加强消防宣传教育；村民委员会、居民委员会应当确定消防安全管理人，组织制定防火安全公约，进行防火安全检查；村民委员会、居民委员会根据需要，建立志愿消防队等多种形式的消防组织，开展群众性自防自救工作。

256. 物业服务企业有哪些消防安全职责？

《消防法》第十八条规定，住宅区的物业服务企业应当对管理区域内的共用消防设施进行维护管理，提供消防安全防范服务。

《物业管理条例》第四十七条规定，物业服务企业应当协助做好物业管理区域内的安全防范工作，包括及时向有关行政管理部门报告并协助处理安全事故。

《高层民用建筑消防安全管理规定》第十条规定，接受委托的高层住宅建筑的物业服务企业应当依法履行下列消防安全职责：

（1）落实消防安全责任，制定消防安全制度，拟订年度消防安全工作计划和组织保障方案。

（2）明确具体部门或者人员负责消防安全管理工作。

（3）对管理区域内的共用消防设施、器材和消防标志定期进行检测、维护保养，确保完好有效。

（4）组织开展防火巡查、检查，及时消除火灾隐患。

（5）保障疏散通道、安全出口、消防车通道畅通，对占用、堵塞、封闭疏散通道、安全出口、消防车通道等违规行为予以制止；制止无效的，及时报告消防救援机构等有关行政管理部门依法处理。

（6）督促业主、使用人履行消防安全义务。

（7）定期向所在住宅小区业主委员会和业主、使用人通报消防安全情况，提示消防安全风险。

（8）组织开展经常性的消防宣传教育。

（9）制定灭火和应急疏散预案，并定期组织演练。

（10）法律、法规规定和合同约定的其他消防安全职责。

257. 租赁厂房和仓库有哪些消防安全管理要求？

租赁厂房、仓库应当符合消防安全要求，不得违规改变厂房、仓库的使用性质和使用功能。租赁厂房、仓库应当落实逐级消防安全责任制和岗位消防安全责任制，明确逐级和岗位消防安全职责，确定各级、各岗位的消防安全责任人员。同一厂房、仓库有两个及以上出租人、承租人使用的，应当委托物业服务企业，或者明确一个出租人、承租人负责统一管理，并通过书面形式明确出租人、承租人、物业服务企业各方消防安全责任。具体条款详见国家消防救援局印发的《租赁厂房和仓库消防安全管理办法（试行）》相关要求。

258. 消防安全制度包括哪些内容？

单位消防安全制度主要包括且不限于以下内容：消防安全教育、培训；防火巡查、检查；安全疏散设施管理；消防（控制室）值班；消防设施、器材维护管理；火灾隐患整改；用火、用电安全管理；易燃易爆危险物品和场所防火防爆；专职和义务消防队的组织管理；灭火和应急疏散预案演练；燃气和电气设备的检查与管理（包括防雷、防静电）；消防安全工作考评和奖惩；其他必要的消防安全内容。

259. 消防安全档案包括哪些内容?

消防安全重点单位应当建立健全消防档案。消防档案应当包括且不限于消防安全基本情况和消防安全管理情况。消防档案应当翔实、全面地反映单位消防工作的基本情况,并附有必要的图表,根据情况变化及时更新。单位应当对消防档案统一保管、备查。

260. 消防安全基本情况包括哪些内容?

(1)单位基本概况和消防安全重点部位情况。

(2)建筑物或者场所施工、使用或者开业前的消防设计审核、消防验收,以及消防安全检查的文件、资料。

(3)消防管理组织机构和各级消防安全责任人。

(4)消防安全制度。

(5)消防设施、灭火器材情况。

(6)专职消防队、义务消防队人员及其消防装备配备情况。

(7)与消防安全有关的重点工种人员情况。

(8)新增消防产品、防火材料的合格证明材料。

(9)灭火和应急疏散预案。

261. 消防安全管理情况应当包括哪些内容?

(1)消防机构填发的各种法律文书。

(2)消防设施定期检查记录、自动消防设施全面检查测试的报告,以及维修保养的记录。

(3)火灾隐患及其整改情况记录。

(4)防火检查、巡查记录。

(5)有关燃气、电气设备检测(包括防雷、防静电)等记录资料。

(6)消防安全培训记录。

(7)灭火和应急疏散预案的演练记录。

（8）火灾情况记录。

（9）消防奖惩情况记录。

262. 消防安全管理工作中的两项责任制的落实是什么？

单位应落实逐级消防安全责任制和岗位消防安全责任制，明确逐级和岗位消防安全职责，确定各级、各岗位的消防安全责任人，并对本级、本岗位的消防安全负责，建立起单位内部自上而下的逐级消防安全责任制度。

263. 消防安全重点单位"三项"报告备案制度是哪三项？

消防安全管理人员报告备案、消防设施维护保养报告备案、消防安全自我评估报告备案。

264. 单位消防控制室有哪些管理要求？

（1）应实行每日 24 小时专人值班制度，每班不应少于 2 人，值班人员应持有消防控制室操作职业资格证书。

（2）消防设施日常维护管理应符合《建筑消防设施的维护管理》（GB 25201—2023）的要求。

（3）应确保火灾自动报警系统、灭火系统和其他联动控制设备处于正常工作状态，不得将应处于自动状态的设置成手动状态。

（4）应确保高位消防水箱、消防水池、气压水罐等消防储水设施水量充足，确保消防泵出水管阀门、自动喷水灭火系统管道上的阀门常开；确保消防水泵、防排烟风机、防火卷帘等消防用电设备的配电柜启动开关处于自动位置（通电状态）。

265. 消防控制室为什么需要双人值班？

消防控制室双人值班的主要原因是为了在紧急情况下确保消防设施正常运行和提高应急响应速度。首先，双人值班可以确保在任何时刻都有人员值守，及时发现并处理消防系统的问题，确保其正常运行。其次，双人值班可以提高应急响应速度。在火灾等紧急情况下，两个人可以分工合作，一个人负责启动灭火系统和相关的消防设备，另一个人负责通知消防队伍和组织人员进行疏散，确保各项措施能够迅速有序地进行。这种分工协作使得响应更加高效，为灭火和救援争取了宝贵的时间。最后，双人值班制度的历史背景也可以解释其必要性。消防控制室 24 小时双人值班制度最早见于 2001 年发布的《机关、团体、企业、事业单位消防安全管理规定》（公安部第 61 号令），该规定至今仍然有效。2008 年，公安部发布公共安全行业标准《消防控制室通用技术要求》（GA 767—2008），正式将消防控制室 24 小时双人值班写入条文，并成为强制标准。

266. 消防控制室值班证的要求有什么变化？

消防设施操作员，原"建（构）筑物消防员"，分为监控和维保两个专业，主要从事消防监控室值班操作和在消防技术服务机构从事消防设施检测、维修、保养等工作。消防设施操作员属于"国家职业资格"中准入类，必须持证上岗。根据国家职业技能标准《消防设施操作员》的规定，从 2020 年 1 月 1 日起，有联动控制功能的消防控制室值班人员需要持中级证书。

消防设施操作员中级（四级）证书分为监控和维保两个方向：监控是指操作设有联动控制设备的消防控制室的人员（监控值机）；维保是指从事消防设施检测维修保养的人员（消防技术服务机构）。

267. 公众聚集场所一般多少时间开展一次防火巡查？

公众聚集场所在营业期间至少每 2 小时开展一次防火巡查，营业结束时应当对营业现场进行检查，消除遗留火种；夜间防火巡查不少于两次。

防火巡查主要包括下列内容：用火、用电、用气等情况；安全出口、疏散通道、安全疏散指示标志、应急照明等情况；常闭式防火门关闭状态、防火卷帘使用情况；消防设施、器材及消防安全标志等情况；消防安全重点部位的人员在岗情况；其他消防安全情况。

268. 单位开展防火巡查的要求和内容包括哪些?

消防安全重点单位应当进行每日防火巡查,并确定巡查的人员、内容、部位和频次。其他单位可以根据需要组织防火巡查。巡查的内容应当包括:

(1)用火、用电有无违章情况;

(2)安全出口、疏散通道是否畅通,安全疏散指示标志、应急照明是否完好;

(3)消防设施、器材和消防安全标志是否在位、完整;

(4)常闭式防火门是否处于关闭状态,防火卷帘下是否堆放物品影响使用;

(5)消防安全重点部位的人员在岗情况;

(6)其他消防安全情况。

公众聚集场所在营业期间的防火巡查应当至少每 2 小时一次;营业结束时应当对营业现场进行检查,消除遗留火种。医院,养老院,寄宿制的学校、托儿所、幼儿园应当加强夜间防火巡查,其他消防安全重点单位可以结合实际组织夜间防火巡查。

防火巡查人员应当及时纠正违章行为,妥善处置火灾危险,无法当场处置的,应当立即报告。发现初起火灾应当立即报警并及时扑救。

防火巡查应当填写巡查记录,巡查人员及其主管人员应当在巡查记录上签名。

269. 单位开展防火检查的要求和内容包括哪些?

机关、团体、事业单位应当至少每季度进行一次防火检查,其他单位应当至少每月进行一次防火检查。检查的内容应当包括:

(1)火灾隐患的整改情况以及防范措施的落实情况;

(2)安全疏散通道、疏散指示标志、应急照明和安全出口情况;

(3)消防车通道、消防水源情况;

(4)灭火器材配置及有效情况;

(5)用火、用电有无违章情况;

(6)重点工种人员及其他员工消防知识的掌握情况;

(7)消防安全重点部位的管理情况;

（8）易燃易爆危险物品和场所防火防爆措施的落实情况以及其他重要物资的防火安全情况；

（9）消防（控制室）值班情况和设施运行、记录情况；

（10）防火巡查情况；

（11）消防安全标志的设置情况和完好、有效情况；

（12）其他需要检查的内容。

防火检查应当填写检查记录。检查人员和被检查部门负责人应当在检查记录上签名。

270. 单位开展宣传教育和培训的要求和内容包括哪些？

（1）有关消防法规、消防安全制度和保障消防安全的操作规程。

（2）本单位、本岗位的火灾危险性和防火措施。

（3）有关消防设施的性能、灭火器材的使用方法。

（4）报火警、扑救初起火灾以及自救逃生的知识和技能。

公众聚集场所对员工的消防安全培训应当至少每半年进行一次，培训的内容还应当包括组织、引导在场群众疏散的知识和技能。

单位应当组织新上岗和进入新岗位的员工进行上岗前的消防安全培训。

271. 单位一般多长时间开展一次宣传教育和培训？

单位应当通过多种形式开展经常性的消防安全宣传教育。消防安全重点单位对每名员工应当至少每年进行一次消防安全培训。

272. 哪些人员应当接受消防安全专门培训？

（1）单位消防安全责任人、消防安全管理人。

（2）专、兼职消防管理人员。

（3）消防控制室值班、操作人员。

（4）其他依照规定应当接受消防安全专门培训的人员。

273. 单位灭火和疏散预案应包括哪些内容？

（1）单位的基本情况，火灾危险分析。

（2）火灾现场通信联络、灭火、疏散、救护、保卫等应由专门机构或专人负责，并明确各职能小组的负责人、组成人员及各自职责。

（3）火警处置程序。

（4）应急疏散的组织程序和措施。

（5）扑救初起火灾的程序和措施。

（6）通信联络、安全防护和人员救护的组织与调度程序、保障措施。

274. 单位一般多长时间开展一次灭火和疏散预案演练？

消防安全重点单位应当按照灭火和应急疏散预案，至少每半年进行一次演练，并结合实际不断完善预案。其他单位应当结合本单位实际，参照制定相应应急方案，至少每年组织一次演练。

五、灭火逃生自救问答

275. 火场逃生的基本原则有哪些？

火灾情况千变万化，不同火灾逃生的路径和方式也是不同的。总的来说，就是迅速镇定、研判火情、主动作为、向外离开。具体来说，就是选择安全的疏散通道、避免火场烟热的侵害、利用救生器材或其他工具脱离险境、寻找或创造避难场所。

276. 火灾逃生时为什么要尽量"猫着腰"？

火灾发生时，为何最好尽量"猫着腰"逃生？这是因为，燃烧时会产生大量的有毒有害气体和物质，主要有一氧化碳、二氧化碳、氮氧化物、氰化物、硫氧化物等。人如果吸入过量的一氧化碳等有毒有害气体和物质，极易在短时间内窒息死亡。有毒有害气体的分子量比空气平均分子量小，因而会往上跑。一般而言，水平面越低，空气质量就相对越好，越不易让人窒息。因此，逃生时"猫着腰"姿势前行最为适宜。

277. 疏散逃生时一定要"匍匐爬行"吗？

"匍匐爬行"是指当烟雾浓度导致直立行走影响呼吸时的逃生方法，不是所有的火灾都需要匍匐爬行。如果烟气不大，则不需要匍匐逃生，可以通过弯腰快速跑步的方法逃离火灾现场。此外，在慌乱的现场，大家都在以最快的速度逃离，突然发现有人在匍匐爬行，惯性使然，快速跑到此处的人群来不及停下脚步，也很容易发生踩踏事故。

278. 火场逃生时用湿毛巾捂鼻真的有效吗？

湿毛巾是否有效得看具体情形，但有胜于无。在高温和浓烟条件下，湿毛巾确实起不到多大作用，但在火灾初始阶段或者等待救援时，湿毛巾还是有一定帮助的。发生火灾时，可以将湿毛巾对折 3 次捂住口鼻来保护自己。虽然湿毛巾折叠的层数越多、隔烟率越高，比如折叠 8 层后隔烟率为 60%、折叠 16 层后隔烟率能达到 90%，但是折叠层数越多对呼吸的阻碍也会越大，所以并不是折叠层数越多越好，一般建议对折 3 次为宜。

总的来说，湿毛巾在火灾逃生中可以作为辅助工具，但不应作为主要防护手段。在火灾发生时，最重要的是尽快找到安全出口、避免穿越浓烟区，并在必要时使用湿毛巾来减少烟雾对呼吸道的伤害。

279. 火灾时躲进卫生间是最安全的吗？

一般情况下，躲进有水源的浴室确实是不错的选择，但是有的家庭浴室里只有水源，没有窗户，一旦火灾烟气涌入房间，就会成为再也无法逃脱的"囚笼"。

280. 火场逃生时有哪些错误的心理？

（1）习惯心理，即原路逃生。公共场所的旅客、顾客、游客对环境不熟，对避难路线不了解，当发生火灾的时候，绝大多数是奔向来时的路线，倘若该通道被烟火封锁，就再去寻找其他入口。殊不知，此时已失去最佳逃生时间。因此，进入公共场所时，一定要对周围环境和安全出口、疏散通道进行必要的了解与熟悉，确保一旦发生火灾可以快速自救逃生。

（2）向光心理，向亮的地方跑。在紧急危险情况下，人的本能、生理、心理决定，总是向着有光、明亮的方向逃生，但这些地方可能是危险之地。因为火场中，90%的可能是电源已被切断或已造成短路、跳闸等，光和亮之地正是"火魔"肆无忌惮的逞威之处。正确方法是，沿着"安全出口"发光指示标志的指引下向最近的安全出口逃生。

（3）从众心理，危急时刻没有自己的判断。当人的生命突然面临危险状态时，极易因惊慌失措而失去正常的判断思维能力，当听到或看到有人在前面跑动时，第一反应就是盲目地紧紧追随其后。常见的盲目追随行为模式有：跳窗、跳楼，逃进厕所、浴室、门角等。

281. 高层建筑遇到火灾应该"向下跑"还是"向上跑"？

（1）室内起火时，如果大火还没封住通向入户门的路线，应该立即"低头猫腰"从入户门迅速逃生，并把大门关紧，以防火势蔓延；如果大火已经封住外逃的路线，应该立即退回到没有进烟且有分隔功能的阳台、厨房或卫生间，关门堵缝防烟并泼水降温，固守救援。

（2）本层起火时，如果入户门把手不发烫，开门缝看一眼楼道里还没有烟则从楼梯迅速撤离，如有大量浓烟涌入则退回室内固守救援；如果入户门把手发烫，说明门外已经充满了高温火焰和烟气，这时不要开门逃生，应塞紧门缝固守待援。

（3）楼上起火时，这种情况危险相对较小，但撤离时注意千万不要乘电梯，因为电梯可能会断电，一旦断电，人就被困住了。

（4）楼下起火时，如果浓烟已经充斥走廊和楼梯间，请退回家中关门堵缝等待救援；如果走廊和楼梯间没有浓烟，可以向楼顶平台（前提是通往天台的那道门没锁）或高层建筑的避难层等处转移。但最靠谱的方式仍然是躲在家中做好防烟措施，因为在烟气上升速度很快，一旦被追上则有生命危险。

282. 发生火灾时能不能乘普通电梯逃生？

不能。电梯井都是竖井，特别容易产生"烟囱效应"，加速大楼内部的火势蔓延。此外，火灾发生后，一般会断电，防止人员触电。断电后就会发生被困电梯现象。

283. 遇到火灾时为什么不要贸然跳楼？

跳楼虽是一种逃生手段，但会对身体造成一定的伤害甚至死亡，所以要慎之又慎。遇到高层建筑火灾时，特别是在初期阶段，有很多比跳楼更为安全正确的逃生方式。在火灾刚发生时，可趁火势还小，用灭火器等消防器材在第一时间灭火，并及时拨打119报警。如果发现楼内火势难以控制，应尽量利用建筑物内的防烟楼梯间、封闭楼梯间、有外窗的通廊和室内设置的缓降器、安全绳等设施迅速远离火场。不能及时离开火场时，还可选择进入避难场所躲避，固守待援。

284. 消防救生气垫的救援极限是多少？

实验表明，消防救生气垫的理论救援极限为 15 ~ 20 m、大概 6 层楼的高度，超过这个高度，救生气垫的缓冲效果不足以抵消人体坠落的冲击力。但在实际救援过程中，由于受到设置场地限制、气垫型号不同、跳跃姿势是否正确、落点是否接近中心等各种因素影响，实际安全救生高度为 10 m 以内（即不对身体造成损害）、大约 3 层楼的高度。跳跃时应当背部和臀部朝下，且不能两个人同时跳跃，否则易造成二次伤害。

285. 什么是安全疏散示意图？

安全疏散示意图是指在室内发生危险时，能够指引室内人员快速逃生的图示。通常包含当前场所的平面图、疏散路径、消火栓和灭火器位置、应急设备及疏散辅助装备的位置、避难场所和集合点的位置，以及在紧急情况下或发生火灾时所需采取的行动等信息。

286. 什么是消防应急标志灯具？

消防应急标志灯具是指用图形、文字指示疏散方向，指示疏散出口安全出口、楼层、避难层（间）、残疾人通道的灯具。

287. 什么是消防应急灯具？

消防应急灯具是指为人员疏散、消防作业提供照明和指示标志的各类灯具，包括消防应急照明灯具和消防应急标志灯具。

288. 什么是火灾声光警报器？

火灾声光警报器是一种利用声音和光信号进行火灾预警的设备，它由控制电路、声音器件和发光器件组成。当火灾发生时，控制电路会触发声音器件和发光器件，发出响亮的警报声和闪烁的灯光，从而提醒人们尽快采取安全措施。每个防火分区的安全出口处应设置火灾声光警报器，其位置宜设在各楼层走道靠近楼梯出口处。

289. 什么是消防应急广播系统？

消防广播系统也称为应急广播系统，是火灾逃生疏散和灭火指挥的重要设备，在整个消防控制管理系统中起着极其重要的作用。在火灾发生时，应急广播信号通过音源设备发出，经过功率放大后，由广播切换模块切换到广播指定区域的音响实现应急广播。一般的广播系统主要由主机端设备［包括音源设备、广播功率放大器、火灾报警控制器（联动型）等）及现场设备（包括输出模块、音箱）构成。

290. 什么是过滤式消防自救呼吸器？

过滤式消防自救呼吸器是一种通过过滤装置吸附、吸收、催化及直接过滤等作用去除一氧化碳、烟雾等有害气体，供人员在发生火灾时逃生用的呼吸器。它是酒店、宾馆、办公楼、商场、银行、邮电、电力、公共娱乐场所、工厂、住宅、地铁等发生火灾事故时，必备的个人防护呼吸保护装置。

291. 如何使用过滤式消防自救呼吸器？

（1）使用面罩时，由下巴处向上佩戴，再适当调整头带。

（2）佩戴面罩必须保持端正，鼻子两侧不应有空隙。

（3）面罩带子要分别系牢，要调整到面罩不松动，不挤压脸鼻，不漏气。

（4）戴好面罩后由手掌堵住滤毒盒进气口用力吸气，面罩与面部紧贴不产生漏气，则面罩已经气密。

还应注意，防烟面罩内的过滤盒是有使用期限的。

292. 过滤式消防自救呼吸器有保质期吗？

过滤式消防自救呼吸器不是永久性产品，它的保质期一般为 3 年。

293. 灭火的基本原理与方法是什么？

灭火基本方法主要有冷却法、窒息法、隔离法和化学抑制法。

（1）冷却灭火的原理是降低燃烧物的温度，使温度降到物质的燃点以下的灭火方法。冷却灭火常用的灭火剂是水。

（2）窒息法是消除燃烧条件中的助燃物，如空气、氧气或其他氧化剂，使可燃物无法获得充足的氧化剂助燃而停止燃烧的灭火方法。

（3）隔离法是指将正在燃烧的物质和未燃烧物质隔离，中断可燃物质的供给，使火势不能蔓延。

（4）化学抑制灭火的原理是中断燃烧链式反应，进而使燃烧反应停止。化学抑制灭火的灭火剂最常见就是干粉。

294. 什么是社会消防组织？

社会消防组织是指除国家综合性消防救援队以外的其他承担火灾预防、扑救和应急救援工作的消防组织，包括基层消防安全组织、专职消防队和志愿消防队等。

295. 什么是专职消防队？

专职消防队包括政府专职消防队和单位专职消防队。政府专职消防队是指各级人民政府建立的主要承担火灾扑救和应急救援工作的消防组织。单位专职消防队是指由企业、事业单位建立的主要承担本单位火灾扑救和应急救援工作的消防组织。

296. 什么是志愿消防队？

志愿消防队包括微型消防站和其他志愿消防组织。

297. 什么是微型消防站？

微型消防站是指由机关、团体、企业、事业等单位和居（村）民委员会建立的承担火灾预防、初起火灾扑救等群众性自防自救工作的消防组织。其他志愿消防组织是指为社会和他人无偿提供消防志愿服务的组织。

298. 微型消防站承担哪些工作任务？

（1）熟悉建筑、场所平面布局、重点部位和固定消防设施等消防安全基本情况。

（2）参与制定灭火救援和应急处置预案，定期开展业务培训和消防演练。

（3）开展防火巡查，发现和报告火灾隐患，开展消防安全知识宣传教育。

（4）接受消防救援机构指挥调度。

（5）组织扑救初起火灾、疏散人员和控制火势蔓延，协助保护火灾现场。

（6）国家和本市规定的其他工作任务。

299. 消防"135"响应机制指什么？

指"1分钟响应启动、3分钟到场扑救、5分钟协同作战"的快速反应机制，以最大限度地减少火灾造成的损失。

300. 未成年人需要参加火灾扑救吗？

《上海市消防条例》第六十条明确规定：禁止组织未成年人参加火灾扑救。未成年人正处于成长发育时期，还不具备成年人的思维和体力，普遍缺乏自我保护的能力和经验，遇到紧急情况，往往处理不当，易发生伤亡事故。因此，对广大未成年人来说，如发现火灾，最重要的是尽快脱离危险，撤离火场。这样做既可以保证自身安全，也为成年人灭火提供了方便，使他们可以集中精力灭火。从这一意义上来看，未成年人保护自身安全也是为灭火工作做出了贡献。

常见消防安全隐患图解

一、建筑平面布局

1. 消防车道

图 1 消防车道上设置花坛和展台

图 2 消防车道上设置树木、绿化隔离带

图 3 消防车道上设置隔离桩

图 4 消防车道上设置特卖场所

● **常见问题**

消防车道上设置景观花坛、临时建（构）筑物、树木、架空管线等障碍物，固定隔离桩、停车泊位或临时展台、特卖场所等，影响消防车辆通行。

● **管理要求**

消防车道净高净宽不应小于 4 m，应当设置明显的提示性、警示性标识，并划线立标，禁止占用。

2. 消防车登高面和消防车登高操作场地

图1、图2 建筑外立面的消防救援窗口被广告牌、外装饰等遮挡

● **常见问题**

建筑外立面消防救援窗口被广告牌、外装饰等遮挡，影响灭火救援。

● **管理要求**

供消防救援人员进入的窗口的净高度和净宽度均不应小于1.0 m，下沿距室内地面不宜大于1.2 m，间距不宜大于20 m。建筑外墙上的灭火救援窗、灭火救援破拆口不得被遮挡且在室内外的相应位置应当有明显标识。

图 3 建筑外立面出入口设置遮雨棚、挑檐等建筑构件

● **常见问题**

建筑外立面出入口设置遮雨棚、挑檐等建筑构件，影响消防登高车正常操作、无法开展施救或灭火。

● **管理要求**

登高场地的长度和宽度分别不应小于 15 m 和 10 m。对于建筑高度大于 50 m 的建筑，场地的长度和宽度分别不应小于 20 m 和 10 m。场地靠建筑外墙一侧的边缘距离建筑外墙不宜小于 5 m，且不应大于 10 m。场地及其下面的建筑结构、管道和暗沟等，应能承受重型消防车的压力。

3. 建筑防火间距

图 1、图 2 相邻建筑之间搭建钢结构雨棚，作为仓储或堆物使用，影响防火间距

● **常见问题**

　　相邻建筑之间搭建钢结构雨棚等，作为堆放杂物或仓储区域使用，占用建筑防火间距且影响消防车道正常通行。

● **管理要求**

　　建筑四周不应搭建违章建筑，不应占用防火间距、消防车道、消防车登高操作场地。

4. 搭建临时建筑物

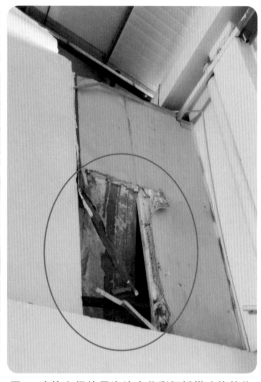

图 1 采用聚氨酯泡沫夹芯彩钢板搭建建筑，作为办公室使用

图 2 建筑之间使用泡沫夹芯彩钢板搭建构筑物，作为仓库使用

● **常见问题**

在园区外围通道上、相邻建筑之间或在建筑室内区域，采用泡沫夹芯彩钢板搭建建（构）筑物作为办公室或仓库使用，建筑材料的燃烧性能和耐火等级均不符合消防安全要求。

● **管理要求**

泡沫夹芯彩钢板使用的聚苯乙烯、聚氨酯泡沫等材料燃点低、阻燃性差，一旦发生火灾，不仅燃烧速度快，还会产生大量有毒有害气体，而泡沫夹芯彩钢板结构相对封闭，水和灭火剂难以直接作用于燃烧物，扑救难度大极易造成人员伤亡。因此，严禁使用泡沫夹芯彩钢板搭建临时建筑物。

5. 水泵接合器

图1、图2 水泵接合器被埋压、圈占，影响正常使用

● **常见问题**

水泵接合器被埋压、圈占，两侧沿道路方向各3m范围内有影响其正常使用的障碍物。未设置永久性标志铭牌。

● **管理要求**

水泵接合器应设在室外便于消防车使用的地点，且距室外消火栓或消防水池的距离不宜小于15m，并不宜大于40m。水泵接合器处应设置永久性标志铭牌，应标明供水系统、供水范围和额定压力。

6. 室外消火栓

图1、图2 室外消火栓被埋压、圈占，影响正常使用

● **常见问题**

　　室外消火栓被埋压、圈占，两侧沿道路方向各3 m范围内不得有影响其正常使用的障碍物或停放机动车辆。

● **管理要求**

　　室外消火栓距路边不应大于2.0 m，距房屋外墙不宜小于5.0 m。室外消火栓、阀门、消防水泵接合器等设置地点应设置相应的永久性固定标志铭牌。

二、建筑重点部位

1. 消防水泵房

图1 湿式报警阀组件生锈严重

图2 消防水泵管道连接处生锈漏水

● **常见问题**

消防水泵房内设施、设备缺乏定期维护保养，消防管道锈蚀严重，导致阀门不能正常转动，管道漏水。

● **管理要求**

建筑产权单位、使用单位可以自行或者委托物业服务企业或具备相应从业条件的消防技术服务机构定期对建筑消防设施进行维护保养和检测，确保消防设施器材完好有效，处于正常运行状态。

图3 消防电源关闭，消防水泵控制柜处于"手动"挡，柜体生锈

● **常见问题**

消防水泵控制柜"关闭"消防电源，消防水泵控制按钮处于"手动"状态，控制柜缺少定期维护保养，柜体锈蚀严重。

● **管理要求**

消防水泵、防排烟风机、防火卷帘等消防用电设备的配电柜控制的主备电源开关应当处于"自动"（转换）位置。控制柜应处于"自动"运行状态。

图4 消防水泵控制柜未采用双电源

● **常见问题**

消防水泵电源未采用双电源，且未在配电线路最末一级配电箱内设置自动切换装置，或虽设置但无法自动切换。

● **管理要求**

除三级负荷供电的消防用电设备外，消防水泵应采用双电源，且应在配电线路最末一级配电箱内设置自动切换装置。

图 5 **未设置疏散指示标志**

图 6 **未设置疏散照明、备用照明**

● **常见问题**

消防水泵房未设置疏散照明、备用照明、疏散指示标志。

● **管理要求**

消防水泵房、消防控制室、自备发电机房等发生火灾时仍需工作、值守的区域，应同时设置备用照明、疏散照明和疏散指示标志。

图 7 消防水泵控制柜 IP 等级低于 IP55

● **常见问题**

消防水泵控制柜设置在消防水泵房内时，其防护等级低于 IP55（"I"指的是防尘，"P"指的是防水）。

● **管理要求**

消防水泵控制柜是保证消防给水系统可靠运行的关键部件，在准工作状态下的防水、防尘等性能和在火灾状态下的启动性能必须得到保障，消防水泵控制柜位于消防水泵房内时，其防护等级不应低于 IP55。

图 8 消防模块安装在消防水泵控制柜（箱）内

● **常见问题**

消防模块安装在消防水泵控制柜（箱）内。

● **管理要求**

消防模块的工作电压通常为 24 V，不应与其他电压等级的设备混装，因此严禁将模块设置在配电（控制）柜（箱）内。

图 9 消防水泵房未设置挡水设施

图 10 消防水泵房未设置排水设施

● **常见问题**

　　消防水泵房未设置挡水设施，意外情况下，水泵房外水源进入泵房内，影响消防设施的正常使用。消防水泵房未设置排水设施。

● **管理要求**

　　消防水泵房应采取防水淹没的技术措施，设置门槛或挡水板时，其高度不宜低于 20 cm。消防水泵房应设置排水设施，该设施一般为设置排水沟。排水沟应沿水池及水泵周边设置，以确保泵房内部各区域的积水都能被有效排出。

2. 消防控制室

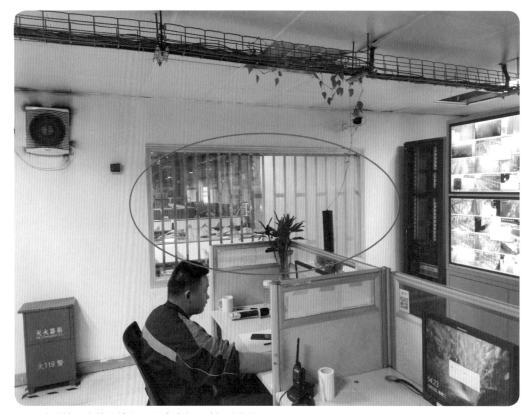

图 1 消防控制室的隔墙上开设玻璃窗，破坏防火分隔

● **常见问题**

消防控制室与建筑其他部位之间未采取有效防火分隔，且消防控制室仅有一人值班。

● **管理要求**

附设在建筑内的消防控制室应采用耐火极限不低于 2.00 h 的防火隔墙和 1.50 h 的楼板与其他部位分隔。消防控制室开向建筑内的门应采用乙级防火门。消防控制室值班人员应持证上岗，每班不应少于 2 人。

图 2　火灾自动报警控制器使用插座取电

● **常见问题**

　　火灾自动报警控制器上使用拖线板插座取电。

● **管理要求**

　　火灾自动报警控制器的主电源引入线，应直接与消防电源连接，不应使用电源插头。火灾报警控制器的主电源应设置明显的永久性标志。

图 3　消防控制室内无人值守

● **常见问题**

　　消防控制室内值班人员未持证上岗或配备的值班人员不足，职责不清、业务不熟悉。

● **管理要求**

　　消防控制室值班人员应当持有相应的消防职业资格证书、实行每日 24 小时不间断值班制度，每班不应少于 2 人。

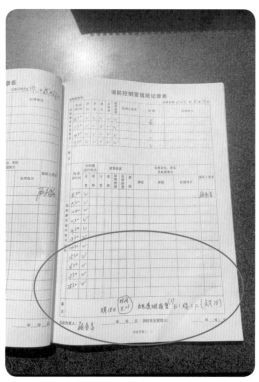

图 4 消防控制室值班人员对主机操作不熟练

图 5 消防安全管理人未查看消防控制室值班记录，消防控制室值班记录未如实填写

● **常见问题**

消防控制室值班人员对火灾报警控制器及消防联动控制器不熟悉且未如实填写消防控制室值班记录，消防控制室值班记录消防安全管理人未签字，消防安全管理流于形式。

● **管理要求**

消防控制室值班人员应持证上岗，熟悉和掌握消防控制室设备的功能及操作规程，每日如实填写消防控制室值班记录，并由消防安全管理人签字确认。

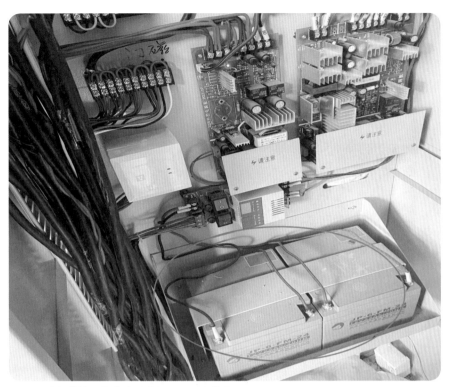

图 6 火灾报警控制器蓄电池电源处于无电状态

● **常见问题**

消防控制室火灾报警控制器和消防联动控制器蓄电池电源处于无电状态或容量不足状态。

● **管理要求**

火灾报警控制器和消防联动控制器自带蓄电池的电源容量，应保证火灾自动报警及联动控制系统在火灾状态同时工作负荷条件下连续工作 3 h 以上。

图7、图8 消防控制室未设置备用照明、疏散照明和疏散指示标志

● **常见问题**

　　消防控制室未设置备用照明、疏散照明和疏散指示标志。

● **管理要求**

　　消防控制室等发生火灾时仍需工作、值守的区域应同时设置备用照明、疏散照明和疏散指示标志。

3. 排烟风机房

图 1 排烟风机房作为办公室使用

图 2 排烟风机房作为杂物间使用，堆放可燃材料

● **常见问题**

机械排烟风机房作为办公室、储藏室、杂物间使用，影响设施、设备的安全运作。

● **管理要求**

消防安全重点部位（包括消防水泵房、消防控制室、防排烟风机房、配电房、发电机房、专用仓库冷库等）不得被占用，且应实行消防安全"实名制"标识管理，明确责任人及其职责。

图 3 排烟防火阀未接线

● **常见问题**

排烟防火阀未接线或无法连锁关闭风机。

● **管理要求**

排烟防火阀在 280 ℃时应自行关闭，并应连锁关闭排烟风机和补风机。

4.消防专用电话

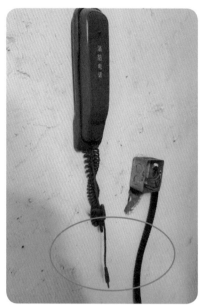

图 1 消防电话插孔损坏，不能正常使用

● **常见问题**

　　消防专用电话插孔损坏，或因线路故障，不能正常使用。消防专用电话不能使用一般电话线路。

● **管理要求**

　　消防专用电话网络应为独立的消防通信系统。消防水泵房、发电机房、配变电室、防排烟机房、消防控制室等部位应设置消防电话。消防专用电话应固定安装在明显且便于使用的部位，并应有区别于普通电话的标识。通信一定要畅通无阻，以确保消防作业的正常进行。

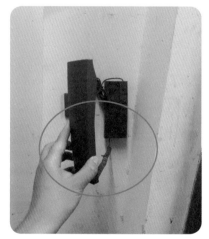

图 2 消防电话未设置编号与实际位置对照表

● **常见问题**

　　消防专用电话未设置编号与实际位置对照表。

● **管理要求**

　　消防专用电话应按照现场部件的地址编号及具体设置部位录入部件的地址注释信息，或者编制地址编号与具体设置位置的对照表，并宜设置在消防电话主机旁。

5. 厨房

图 1 排油烟罩部位未设置自动灭火装置

● **常见问题**

餐馆或者食堂未在烹饪操作间的排油烟罩及烹饪部位设置自动灭火装置，且未及时清理油污。

● **管理要求**

餐厅建筑面积大于 1 000 m² 的餐馆或食堂，其烹饪操作间的排油烟罩及烹饪部位应设置自动灭火装置，并应在燃气或燃油管道上设置与自动灭火装置联动的自动切断装置。厨房排油烟管道应定期清洗，建议每季度一次。

6. 配电房和其他重要设备房

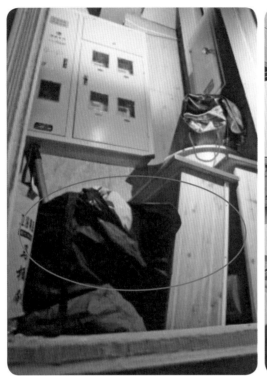

图1、图2 配电房、设备间作为杂物间使用，堆放可燃材料

● **常见问题**

配电房和其他重要设备用房作为储藏室、杂物间使用，影响设施、设备的安全运作。

● **管理要求**

消防安全重点部位（包括消防水泵房、消防控制室、配电房、发电机房、专用仓库冷库等）不得被占用，且应实行消防安全"实名制"标识管理，明确责任人及其职责。

三、建筑防火分隔

1. 建筑防火分区

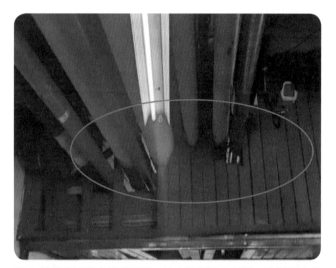

图 1 管道穿过防火卷帘两侧，均未进行防水封堵，破坏了防水分区的完整性

图 2 排烟风管穿过防火分区处，未设置防火阀

● 常见问题

消防管道、排烟风管等穿过建筑原有防火墙或防火卷帘处未进行有效防火封堵，风管上未设置防火阀，破坏了建筑原防火分区的完整性，影响防火防烟作用。

● 管理要求

防火分隔处确需要穿越管道或风管时，孔洞应采用相应防火分区耐火等级的不燃材料进行封堵，风管处应设置防火阀，确保建筑防火分区的完整性。

2. 建筑防火分区（物流仓库）

图 1 快递物流的分拣仓库设置滑道破坏建筑防火分区

● **常见问题**

大型物流建筑内用于分拣作业的滑道影响防火卷帘正常下降，破坏建筑防火分区的完整性。分拣作业区与储存区域未采取防火分隔。

● **管理要求**

当建筑功能以分拣、加工等作业为主时，应按有关厂房的规定确定，其中仓储部分应按中间仓库确定。当分拣等作业区采用防火墙与储存区完全分隔时，作业区和储存区的防火要求可分别按有关厂房和仓库的规定确定。

3. 仓库与其他部位的防火分隔

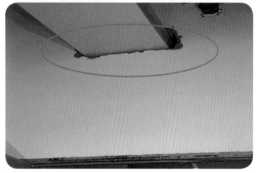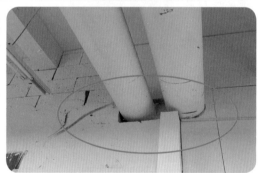

图 1 水管、电线桥架等穿越防火分隔处，未进行封堵

● **常见问题**

建筑内设置的丙类仓库与其他部位之间的防火隔墙上存在孔洞、封堵不完整或封堵材料的燃烧性能等级和隔墙耐火极限均不符合消防规范要求。

● **管理要求**

建筑内附属库房应采用耐火极限不低于 2.00 h 的防火隔墙和 1.00 h 的楼板与其他场所和部位分隔，墙上必须设置的门、窗应采用乙级防火门、窗。

4. 疏散楼梯间的防火分隔

图 1 管道穿过疏散楼梯间隔墙处，采用聚氨酯可燃材料封堵

● **常见问题**

　　疏散楼梯间防火隔墙上穿过管道处的孔洞，采用可燃材料（聚氨酯发泡剂）进行封堵。封堵材料的燃烧性能等级和耐火极限均不符合消防规范要求。

● **管理要求**

　　疏散楼梯间与其他部位之间应采用耐火极限不低于 2.00 h 的防火隔墙，管道穿越处应采用相应耐火极限的不燃材料进行封堵。

5. 疏散楼梯间

图 1 疏散楼梯间内设置排油烟管道

● **常见问题**

疏散楼梯间内设置排油烟管道，破坏楼梯间的安全性，影响人员安全疏散。

● **管理要求**

楼梯间内不应设置烧水间、可燃材料储藏室、垃圾道等。楼梯间内不应有影响疏散的凸出物或其他障碍物。

6. 电缆井、管道井等竖向防火分隔

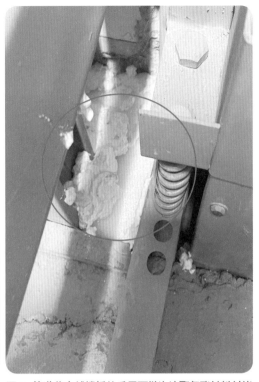

图 1 电缆井穿越楼板处未进行防火封堵或封堵材料脱落

图 2 管道井穿越楼板处采用可燃泡沫聚氨酯材料封堵

● **常见问题**

　　建筑内竖向管道井、电缆井穿越楼板处未进行防火封堵或封堵材料脱落，或采用可燃泡沫聚氨酯材料进行封堵，封堵材料的燃烧性能等级和耐火极限均不符合消防规范要求。

● **管理要求**

　　建筑内的电缆井、管道井应在每层楼板处采用不低于楼板耐火极限的不燃材料或防火封堵材料封堵。

107

7. 厨房与其他部位防火分隔

图1 厨房为敞开式，明火区域与建筑其他部位未采取防火分隔

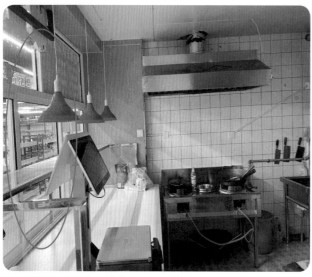

图2 厨房与其他部位的分隔处采用普通玻璃和门

● **常见问题**

厨房设置为敞开式，厨房内明火区域与建筑其他部位相互连通，隔墙上开启普通的门、窗、洞口，与其他部位之间未采取有效防火分隔措施。

● **管理要求**

建筑内的厨房应采用耐火极限不低于2.00 h的防火隔墙与其他部位分隔，墙上设置的门、窗应采用乙级防火门、窗，确有困难时，可采用防火卷帘进行分隔。

8. 电梯厅与汽车库之间的防火分隔

图 1 电梯厅与汽车库之间未采取防火分隔

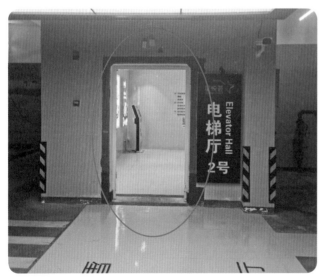

图 2 电梯厅防火分隔处的防火门被拆除

● 常见问题

设置在汽车库内与建筑其他部分相连通的电梯厅、楼梯间等竖井未采取有效防火分隔，或分隔处的防火门被拆除。

● 管理要求

直通建筑内附设汽车库的电梯，应在汽车库部分设置电梯候梯厅，并应采用耐火极限不低于 2.00 h 的防火隔墙和乙级防火门与汽车库分隔，有效阻止火灾和烟气的竖向蔓延。

9. 冷库与其他部位分隔

图 1 大卖场内的冷库与营业区域用塑料帘子分开

图 2 超市仓储区域设置员工办公室，未进行防火分隔

● **常见问题**

超市内设置的冷库与建筑其他部位（超市营业区域或办公室等）未采取有效防火分隔措施。

● **管理要求**

冷库不得采用可燃夹芯材料（聚氨酯泡沫夹芯板）搭建，冷库应采用耐火极限不低于 2.00 h 的防火隔墙与其他部位分隔，墙上的门应采用乙级防火门。冷库与员工办公、休息区域等分开设置。

10. 4S店功能分区之间的防火分隔

图1 4S店内维修保养车间与等待区域未设置防火分隔

图2 4S店内维修车间与办公场所之间未设置防火分隔

● **常见问题**

4S店内设置的汽车展厅、维修保养车间、汽车库、客户等候区域、办公场所等功能分区之间未采取有效防火分隔措施。

● **管理要求**

4S店建筑各功能分区组合布置时，分区之间必须采用防火墙和耐火极限不低于2.00 h的不燃烧性楼板分隔。防火隔墙不宜开设门、窗、洞口，确需开口时应设置甲级防火门、窗或耐火极限不低于3.00 h的防火卷帘。

11. 仓库内设置办公、休息场所

图 1 仓库内设置办公、休息室等，未采取防火分隔

图 2 仓库内采用彩钢板搭建办公室，材料燃烧性能不符合要求

● **常见问题**

仓库内设置的办公室、休息室等与其他部位未采取有效防火分隔措施，且采用可燃夹芯彩钢板进行搭建。选用的材料燃烧性能等级与耐火极限均不符合消防规范要求。

● **管理要求**

办公室、休息室设置在丙、丁类仓库内时，应采用耐火极限不低于 2.50 h 的防火隔墙和 1.00 h 的楼板与其他部位分隔，并应至少设置 1 个独立的安全出口。如隔墙上需开设相互连通的门时，应采用乙级防火门。

12. 厂房内设置办公、休息场所

图1 厂房内搭建夹层设置办公、休息室等，未采取防火分隔

图2 厂房内办公室隔墙上开设的窗户未达到相应耐火极限

● **常见问题**

厂房内设置的办公室、休息室等部位与建筑其他区域（如生产部位、仓储区域等）未采取有效防火分隔措施。

● **管理要求**

办公室、休息室设置在丙类厂房内时，应采用耐火极限不低于 2.50 h 的防火隔墙和 1.00 h 的楼板与其他部位分隔，并应至少设置 1 个独立的安全出口。如隔墙上需开设相互连通的门时，应采用乙级防火门。

13. 厂房内设置中间仓库

图1、图2 厂房内设置中间仓库，与生产部分未采取防火分隔

● **常见问题**

厂房内设置的中间仓库与生产部位未采取有效防火分隔措施。

● **管理要求**

甲、乙、丙类中间仓库应采用防火墙和耐火极限不低于 1.50 h 的不燃性楼板与其他部位分隔；丁、戊类中间仓库应采用耐火极限不低于 2.00 h 的防火隔墙和 1.00 h 的楼板与其他部位分隔。

14. 民用建筑内设置附属库房、IT 机房等

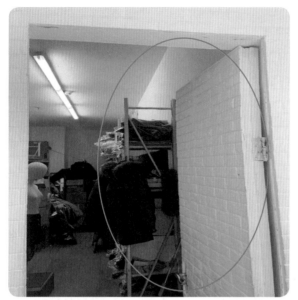

图 1、图 2　民用建筑内设置附属库房、IT 机房与其他部位
未采取防火分隔

● **常见问题**

民用建筑内设置附属库房、IT 机房等，与其他区域未采取有效防火分隔。

● **管理要求**

民用建筑内的附属库房、IT 机房等应采用耐火极限不低于 2.00 h 的防火隔墙和乙级防火门、窗与其他部位进行有效防火分隔。

15. 车库设置其他功能性用房

图 1 车库内设置洗车等功能性用房，与其他区域未做有效防火分隔

● **常见问题**

汽车库设置洗车、快递收发等功能性用房与其他区域未进行有效防火分隔。

● **管理要求**

汽车库与其他部位之间应采用防火墙及耐火极限不低于 2.00 h 的不燃性楼板进行有效分隔。

四、建筑安全疏散

1. 疏散通道、安全出口

图1、图2 主要疏散通道和安全出口处堆放货物，影响安全通行

● **常见问题**

疏散通道上堆放货物，存在占用、堵塞疏散通道和安全出口的问题，影响人员安全疏散。

● **管理要求**

建筑内疏散通道和安全出口应当保持畅通，禁止堆放物品，堵塞、锁闭安全出口，不得设置障碍物或有其他妨碍安全疏散的行为。

2. 疏散楼梯间

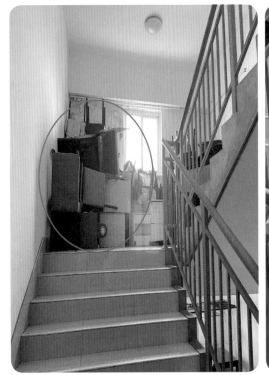

图1、图2 疏散楼梯间堆放货物，影响人员安全疏散

● **常见问题**

疏散楼梯间内堆放杂物和可燃易燃材料等，破坏疏散楼梯间的安全性和有效疏散宽度，影响人员安全疏散。

● **管理要求**

任何单位、个人不得占用、堵塞、封闭建筑内的疏散通道、楼梯间及安全出口，或者有其他妨碍安全疏散的行为。

图 3、图 4 **商店建筑疏散楼梯未采用封闭楼梯间**

● **常见问题**

建筑新增或改建的疏散楼梯间形式不符合规范要求，应采用封闭楼梯间的场所，现场采用敞开楼梯间或敞开楼梯。

● **管理要求**

新增或改建的疏散楼梯的形式和防火性能等设计应与所在建筑保持一致。

3. 室外疏散楼梯

图 1 室外疏散楼梯周围 2 m 内的墙上开窗，楼梯平台上放置空调外机等设备，影响人员安全通行

图 2 室外钢结构疏散楼梯生锈、变形，失去耐火稳定性

● **常见问题**

室外钢结构疏散楼梯周围 2 m 内的墙上开窗，楼梯平台上放置空调外机和其他设备，影响人员安全通行。楼梯生锈、变形，失去耐火稳定性。

● **管理要求**

建筑如需新增钢结构室外疏散楼梯时，倾斜角度不应大于 45°，平台和梯段的耐火极限分别不应低于 1.00 h 和 0.25 h。除疏散门外，楼梯周围 2 m 内的墙上不应设置门、窗、洞口。

4. 安全出口

图 1 疏散楼梯间的门设置移门

图 2 楼梯间的门内侧设置装饰木门

● **常见问题**

　　疏散楼梯间的门设置为玻璃移门，封闭楼梯间的防火门内侧设置装饰木门且门的开启方向有误，影响人员安全疏散。

● **管理要求**

　　建筑内的疏散门应采用向疏散方向开启的平开门，不应采用推拉门、卷帘门、吊门、转门和折叠门。不得在楼梯间的防火门外增设装饰门。

5. 安全出口处设置门禁

图 1 安全出口的门设置用密码或者磁卡开启的门禁系统

● **常见问题**

建筑内主要疏散通道上、楼梯间的门以及安全出口处设置门禁系统，在火灾发生时可能无法正常开启，导致人员无法及时疏散。

● **管理要求**

人员密集场所内平时需要控制人员随意出入的疏散门和设置门禁系统的住宅、宿舍、公寓建筑的外门，应保证火灾时无须使用钥匙等任何工具即能从内部易于打开，并应在显著位置设置具有使用提示的标识。

6. 窗口、阳台

图1 房间窗户设置固定铁栅栏

图2 建筑外窗设置固定铁栅栏

● **常见问题**

　　房间的窗户和建筑外窗设置固定金属栅栏，影响人员应急安全疏散。

● **管理要求**

　　人员密集的公共建筑不宜在窗口、阳台等部位设置封闭的金属栅栏，确需设置时，应能从内部易于开启；窗口、阳台等部位宜根据其高度设置适用的辅助疏散逃生设施。

7. 疏散楼梯间前室

图 1 前室内堆放杂物遮挡消火栓　　　　图 2 前室内堆放杂物遮挡正压送风口

● **常见问题**

疏散楼梯间前室作为仓库使用，堆放的物品遮挡前室正压送风口和室内消火栓，影响建筑消防设施的正常使用。

● **管理要求**

疏散楼梯间前室不得被占用、严禁堆放杂物，确保前室内消防设施、器材的完整好用。

8. 地面灯光型疏散指示标志

图 1、图 2 灯光疏散指示标志灯指向有误，未指向安全出口

● **常见问题**

　　主要疏散通道地面上设置的灯光型疏散指示标志指向有误，误导疏散。

● **管理要求**

　　建筑内应当采用灯光疏散指示标志，不得采用蓄光型指示标志替代灯光疏散指示标志，不得采用可变换方向的疏散指示标志。

9. 疏散指示标志形式

图 1、图 2 疏散指示标志选型错误，设置安全出口标志区域为非安全出口

● **常见问题**

　　疏散路径上，疏散指示标志选型错误，误导正常疏散。

● **管理要求**

　　安全出口标志应安装在安全出口和人员密集场所疏散门的正上方，其他区域应安装带指示箭头的灯光疏散指示标志，并指向最近的安全出口。

10. 疏散门、安全出口

图 1 疏散门处设置踏步

图 2 安全出口处设置台阶

● **常见问题**

疏散门、安全出口处设置踏步和台阶，影响人员在应急情况下快速安全疏散。

● **管理要求**

安全出口、疏散门不得设置门槛、踏步和其他影响疏散的障碍物，且在门口内外 1.4 m 范围内不应设置台阶，尽量采用坡道。

11. 疏散门、安全出口开启方向

图1、图2 疏散门和安全出口的门开启方向错误

● **常见问题**

　　疏散门、安全出口处设置的门开启方向错误，未向疏散方向开启，影响人员在应急情况下快速安全疏散。

● **管理要求**

　　民用建筑和厂房、仓库的疏散门，应采用向疏散方向开启的平开门，不应采用推拉门、卷帘门、吊门、转门和折叠门。

12. 疏散路径通过房间

图 1 疏散走道上设置办公室

图 2 通向安全出口处设置房间

● **常见问题**

通向疏散走道或安全出口处设置功能房间，在紧急情况下，影响人员迅速、安全地疏散到安全区域。

● **管理要求**

房间的疏散门不需要经过其他场所或区域，可以经疏散走道直接到达疏散楼梯间的楼层入口或直通室外的安全出口。

13. 疏散通道、安全出口

图 1 疏散通道、安全出口上贴上广告图片，不便于识别

● **常见问题**

疏散通道、安全出口墙面采用整体广告图片导致安全出口不便于识别，影响人员在紧急情况下快速、安全疏散。

● **管理要求**

建筑内的安全出口不应被装饰物遮掩，四周墙面的颜色应与安全出口有明显区别。

疏散走道和安全出口的顶棚、墙面不应采用影响人员安全疏散的镜面反光材料。

14. 疏散走道

图 1、图 2　商铺装修占用建筑内主要疏散走道，影响疏散宽度

● **常见问题**

商铺装修的临时围挡占用建筑内主要疏散走道，导致疏散通道宽度不足，影响人员疏散至安全出口的有效疏散宽度。

● **管理要求**

营业厅内主要疏散通道应当直通安全出口，柜台和货架等均不得占用疏散通道的设计疏散宽度或阻挡疏散路线。

15. 地下人防工程

图1 地下人防工程的门替代封闭楼梯间的
乙级防火门

● **常见问题**

通向封闭楼梯间的乙级防火门被地下人防工程的门替代，造成防火分隔上的不完整，影响封闭楼梯间的安全性。

● **管理要求**

人防门主要是战争时用的，防火门的作用是防火的，地下人防工程的门为常开门，封闭楼梯间的门为常闭式乙级防火门。虽然人防门也能达到耐火要求，但是达不到防火的必要条件。因此，不能用人防门替代防火门，应在里面加设乙级防火门。

图2 人防的门上设置安全出口标志，误导
疏散

● **常见问题**

地下人防工程临战时封闭的门上设置安全出口标志，误导人员在火灾情况下安全疏散到楼梯间内。

● **管理要求**

地下人防的门是以满足临战时防护和密闭功能要求，迅速实现平战功能转换。但是人防的门不一定是消防安全出口，使用单位应与原疏散设计核对，不得误导人员安全疏散。

五、消防设施器材

1.防火门

图 1、图 2 **钢制防火门锈蚀严重，不能正常开启关闭**

● **常见问题**

钢制防火门受潮，门板锈蚀、变形，防火密封条脱落，防火门失去防火、防烟及隔热功能。

● **管理要求**

建筑地下室或游泳池等湿度较高的场所设置的钢制防火门应定期维护，防止防火门锈蚀变形，影响其防火防烟功能。

图 3、图 4 木质防火门锁芯和把手被拆除，影响门的防火防烟隔热性能

● **常见问题**

　　疏散楼梯间的防火门锁芯和把手被拆除，防烟密封条脱落，导致防火门失去完整性，影响门的防火、防烟及隔热功能，破坏楼梯间的安全。

● **管理要求**

　　防火门五金配件包括防火锁、防火铰链、防火插销、防火闭门器、顺序器等。楼梯间的防火门应当保持常闭，门上应设置有提示功能的标识标牌，防火门的配件应当完好有效。

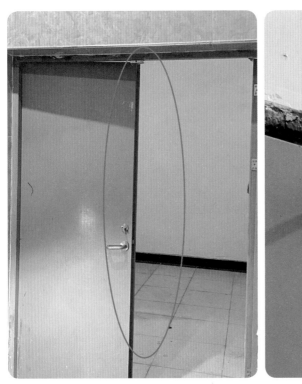

图 5、图 6 防火门闭门器损坏，未安装顺序器，不能保证常闭

● **常见问题**

　　防火门闭门器损坏、双扇防火门未安装顺序器，楼梯间的防火门不能保证常闭。

● **管理要求**

　　常闭式防火门应当保证常闭，门上应设置有正确启闭状态的提示性标识、标牌，防火门闭门器、双扇防火门顺序器等配件应当完好有效。

2. 防火卷帘

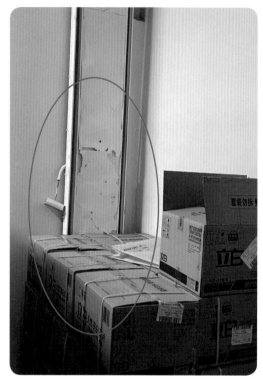

图1 卷帘下堆物，影响起降

图2 卷帘下摆放餐桌椅，影响起降

● **常见问题**

在防火卷帘正下方堆物或被占用，影响防火卷帘在火灾情况下正常降落。

● **管理要求**

防火卷帘应正常关闭，且下方及两侧各0.5 m范围内不得放置物品，并应用黄色标识线划定范围。应当设置明显的提示性、警示性标识。

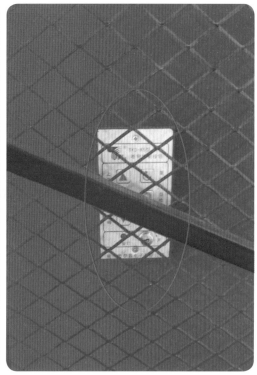

图3 防火卷帘与防火墙之间孔洞未封堵、卷帘
　　　轨道破损

图4 防火卷帘控制板被遮挡

● **常见问题**

　　防火卷帘与防火墙之间的孔洞未封堵，防火卷帘轨道变形、破损，不能正常下降，影响建筑防火分隔的完整性；防火卷帘控制板被遮挡，影响正常操作。

● **管理要求**

　　防火分区处设置的防火卷帘应当保证防火封堵完整性，且防火卷帘的相应配件应当保持完好有效，确保火灾情况下，防火卷帘正常关闭，起到防火防烟的分隔作用。

3. 火灾自动报警系统控制柜

图 1 消防控制室内堆放杂物

图 2 消防控制柜不便于操作

● **常见问题**

消防控制室内堆放杂物、设置值班人员以外的办公场所使用，且有与消防设施无关的电气线路穿过，控制柜的摆放位置不便于操作。

● **管理要求**

火灾自动报警控制器显示屏高度宜为 1.5 ～ 1.8 m，其靠近门轴的侧面距墙不应小于 0.5 m，正面操作距离不应小于 1.2 m。在值班人员经常工作的一面，设备面盘至墙的距离不应小于 3 m。设备面盘后的维修距离不宜小于 1 m。

严禁穿过与消防设施无关的电气线路及管路。

4. 火灾报警探测器

图 1 厨房内报警探测器被包裹

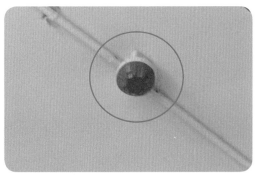

图 2 探测器防尘罩未摘除

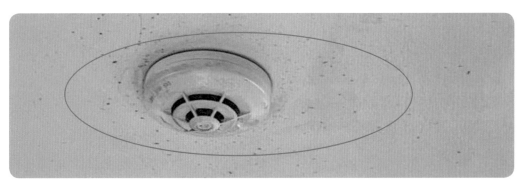

图 3 厨房内报警探测器油垢严重，探测器不能正常报警

● **常见问题**

　　餐饮场所厨房内的火灾探测器油垢严重，或为防止油垢将火灾探测器用保鲜膜包裹，或防尘罩未摘除，均影响探测器的正常报警功能。

● **管理要求**

　　厨房的油烟管道应当至少每季度清洗一次；重油烟区域的消防设施（火灾探测器和喷头）定期维护保养，应保证火灾时正常动作。

图 4 不做吊顶的场所悬空设置探测器

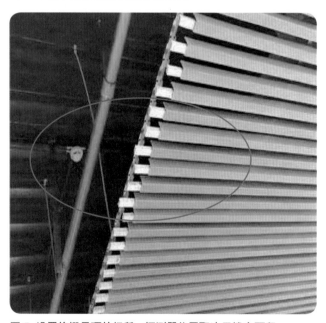

图 5 设置格栅吊顶的场所，探测器位置取决于镂空面积

● **常见问题**

不做吊顶的场所火灾探测器悬空设置，未安装到顶板上；格栅通透率较低的场所，火灾探测器不得安装在格栅吊顶上方。

● **管理要求**

感烟火灾探测器在格栅吊顶场所的设置取决于通透率，镂空面积与总面积的比例不大于15% 时，探测器应设置在吊顶下方；比例大于30% 时，探测器应设置在吊顶上方。

图 6、图 7　**房间未设置火灾探测器，存在火灾探测器保护盲区**

● **常见问题**

　　部分房间或区域因装修改造、重新分隔等未增加或移位火灾探测器，导致火灾报警探测器保护存在盲区。

● **管理要求**

　　探测区域的每个房间应至少设置一只火灾报警探测器，探测器周围0.5 m 内不应有遮挡物。

5. 喷头布置

图 1 风管下方未布置喷头

图 2 装饰吊顶下方未布置喷头

● **常见问题**

吊顶上布置的风管、管道、桥架等障碍物和装修造型的下方，未按规范要求布置喷头，影响喷头洒水时的有效保护面积。

● **管理要求**

当梁、通风管道、成排布置的管道、桥架、吊顶装饰物等障碍物的宽度大于 1.2 m 时，其下方应增设喷头。

6. 喷头的设置

图 1　喷头溅水盘距顶板的距离过大

● 常见问题

喷头的溅水盘与顶板的距离大于
150 mm。

● 管理要求

除吊顶型洒水喷头及吊顶下设置
的洒水喷头外，直立型、下垂型标准
覆盖面积洒水喷头和扩大覆盖面积
洒水喷头溅水盘与顶板的距离应为
75 ~ 150 mm。

 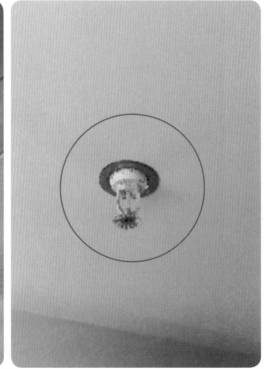

图2、图3　喷头的感温元件被包裹及装修材料涂覆

● **常见问题**

喷头的感温元件被装修涂料或油漆等涂覆或被其他材料包裹。

● **管理要求**

火灾发生后，喷头的感温元件受到动作温度后因热膨胀，破碎产生释放动作，若被涂覆或包裹，会影响感温元件动作的响应时间。

7. 湿式报警阀

图 1 湿式报警阀管路阀门关闭

图 2 湿式报警阀通向延时器阀门关闭

● **常见问题**

　　湿式报警阀报警管路阀门关闭，通向延时器的阀门关闭，导致火灾时水力警铃、压力开关等均无法正常动作，影响报警及喷淋泵的启动。

● **管理要求**

　　建筑消防给水设施的管道阀门均应处于正常运行位置，并具有开 / 关的状态标识；对需要保持常开或常闭状态的阀门，应当采取铅封、标识等限位措施。

图 3 湿式报警阀组的水力警铃安装在报警阀间内

● **常见问题**

湿式报警阀组的水力警铃安装在消防水泵房内或报警阀组间。

● **管理要求**

湿式报警阀组的水力警铃应设在有人值班的地点附近或公共通道的外墙上，且其工作压力不应小于 0.05 MPa，且距水力警铃 3 m 远处警铃声声强不应小于 70 dB。

8. 喷淋系统末端试水装置

图 1 末端试水装置设置位置不合理

● **常见问题**

自动喷水灭火系统的末端试水装置设置在室内不便于排水的房间内且管路被封堵，无法进行日常测试与泄水。

● **管理要求**

末端试水装置和试水阀应设在建筑内便于操作的部位，且应配备有足够排水能力的排水设施，保证试水后及时排放。

9. 隐蔽式喷头

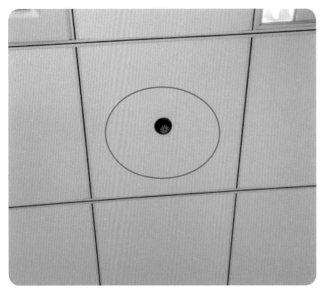

图 1 吊顶采用的隐蔽式喷头盖板脱落

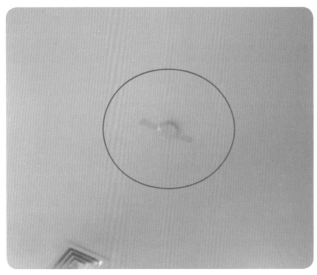

图 2 隐蔽式喷头盖板使用胶带或双面胶固定

● **常见问题**

吊顶采用的隐蔽式喷头盖板脱落或是为了防止脱落使用胶带或双面胶固定，影响盖板在火灾时不能脱落，会导致喷头无法喷水灭火。

● **管理要求**

隐蔽式喷头的盖板不得涂刷涂料或掉落，应定期维护保养，保证火灾时，喷头能正常受热感应和喷水起到有效灭火作用。

10. 喷头选型

图 1 不做吊顶场所采用隐蔽式喷头

图 2 不做吊顶场所喷头选型错误

● **常见问题**

不做吊顶的场所采用隐蔽式喷头或是喷头选型错误，影响喷头在火灾时正常动作。

● **管理要求**

喷头应布置在顶板或吊顶下易于接触到火灾热气流并有利于均匀布水的位置。

不做吊顶的场所，当配水支管布置在梁下时，应采用直立型洒水喷头。

吊顶下布置的洒水喷头，应采用下垂型洒水喷头或吊顶型洒水喷头。

11. 喷头布置

图 1 网格、栅板类吊顶布置喷头位置错误

图 2 网格、栅板类吊顶布置隐蔽式喷头，选型错误

● **常见问题**

装设网格、栅板类通透性吊顶场所的喷头设置位置和喷头选型错误。

● **管理要求**

装设网格、栅板类通透性吊顶的场所，当通透面积占吊顶总面积的比例大于 70％ 时，喷头应设置在吊顶上方，并通透性吊顶开口部位的净宽度不应小于 10 mm，开口部位的厚度不应大于开口的最小宽度。

不做吊顶的场所，应采用直立型洒水喷头。

12. 仓库的喷头布置

图1、图2 货架储物高度大于7.5 m但未设置货架内置洒水喷头

● **常见问题**

货架储物高度大于7.5 m的仓库未按规范要求设置货架内置洒水喷头。

● **管理要求**

当货架储物高度大于7.5 m时，应设置货架内置洒水喷头。货架内置洒水喷头的设计参数包括喷头的安装位置、工作压力以及与储物顶部的距离等，都需要严格按照规范执行。

13. 机械车库的喷头布置

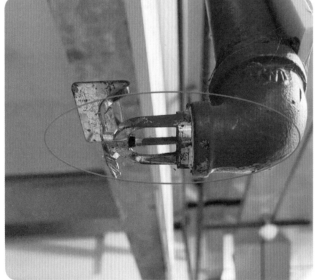

图1、图2 机械式车库设置的喷头未安装集热板

● **常见问题**

机械式汽车库在载车板处未设置喷头，或设置的侧喷未安装集热板，导致汽车停放部位不在喷头直接保护范围。

● **管理要求**

机械式汽车库设置的喷头应按停车的载车板分层布置，且应在喷头上方设置集热板。

14. 室内消火栓

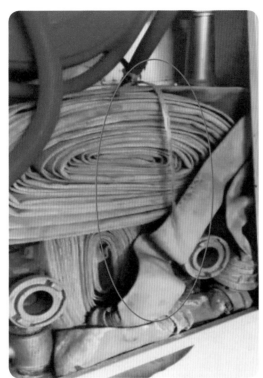

图 1、图 2 室内消火栓栓口锈蚀，消防水带、消防卷盘损坏

● 常见问题

消火栓箱内配件不齐全，出水栓口处锈蚀、消防水带和连接头老化、软管卷盘损坏，不能正常使用。

● 管理要求

室内消火栓箱内配件应当齐全、完好。应定期进行维护保养，且应有相应检查记录。

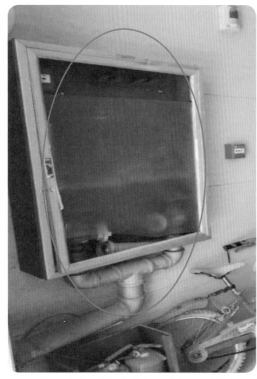

图3、图4 室内消火栓内没有配置水带、水枪等配件，缺少巡检记录

● **常见问题**

消火栓箱内水带、水枪等配件不齐全，未放置灭火器。人员密集的公共建筑内未设置软管卷盘。

● **管理要求**

室内消火栓箱内配件应齐全。

人员密集的公共建筑、建筑高度大于100 m的建筑和建筑面积大于200 m² 的商业服务网点内应设置消防软管卷盘或轻便消防水龙。高层住宅建筑的户内宜配置轻便消防水龙。

图 5　消火栓箱的供水管道材质不符合要求

● **常见问题**

消火栓的供水管道使用 PVC 管，管道材质不满足耐腐蚀性和耐火性能等要求。

● **管理要求**

埋地管道宜采用球墨铸铁管、钢丝网骨架塑料复合管和加强防腐的钢管等管材，对于室内外架空管道，应选用耐腐蚀、有一定耐火性能且安装连接方便可靠的管材，可采用热浸镀锌钢管、无缝钢管等。

图 6　室内消火栓栓口安装在门轴侧

● **常见问题**

室内消火栓的栓口安装在门轴侧，紧急情况下影响消火栓的连接使用。

● **管理要求**

消火栓栓口出水方向宜向下或与设置消火栓的墙面成 90°角，栓口不应安装在门轴侧。

图 7、图 8 **室内消火栓前堆放货物、柜子，影响正常开启使用**

● **常见问题**

　　室内消火栓被遮挡，影响正常使用。

● **管理要求**

　　室内消火栓箱不得上锁，禁止圈占、遮挡消火栓，禁止在消火栓箱内外堆放杂物。

图 9、图 10 **室内消火栓箱门的开启角度不符合要求**

● **常见问题**

拆除室内消火栓箱出厂配置的门，或在门外部做一道装饰门，影响箱门的正常开启角度。

● **管理要求**

室内消火栓箱应保证在没有钥匙的情况下，开启灵活、可靠，且箱门开启角度不得小于120°。

15. 消火栓水带

图1 **消防水带压力测试时，发生破裂**

● **常见问题**

消防水带质量不达标，如消防水带接口处漏水或水带受压破损。

● **管理要求**

消防水带与消火栓接口连接处不应发生渗漏、爆破或滑脱。消防水带使用过程中应定期检查，如果出现破损及时更换。

16. 试验消火栓

图1 **试验消火栓箱的压力不符合要求**

● **常见问题**

屋顶试验消火栓的压力为0，不符合规范要求。

● **管理要求**

设有室内消火栓的建筑应设置带有压力表的试验消火栓，多层和高层建筑应在其屋顶设置，单层建筑宜设置在水力最不利处，且应靠近出入口，便于监测管网压力。

17. 机械排烟系统

图 1 机械排烟风机未设置专用房间，设备生锈老化　图 2 接口处的软接布破损

● **常见问题**

　　机械排烟风机未设置在专用机房内，造成设施、设备生锈老化、接口软接布破损，影响正常使用。

● **管理要求**

　　建筑内设置的机械排烟风机和送风机均应设置在专用机房内。

18. 挡烟垂壁

图 1 挡烟垂壁脱落，防烟分区不完整

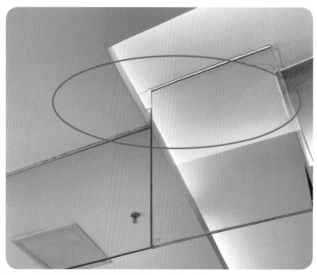

图 2 挡烟垂壁之间封堵不完整，安装不牢固

● **常见问题**

挡烟垂壁脱落，防烟分区未连续布置，影响防烟分区的完整性；防烟垂壁和顶棚之间或相互连接处孔洞未封堵，安装不牢固，存在安全隐患。

● **管理要求**

挡烟垂壁是划分防烟分区的主要措施，应采用不燃材料制成。

防烟分区是为了延缓火灾时烟气蔓延速度而设置，所以应保证建筑内挡烟垂壁完整好用。

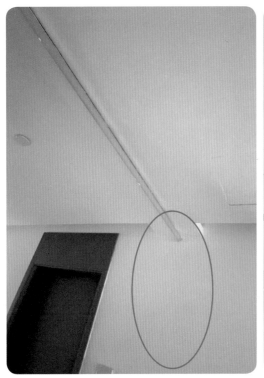

图 3 活动挡烟垂壁未设置现场手动控制按钮

图 4 活动挡烟垂壁与墙壁之间的距离不符合规范要求

● **常见问题**

　　活动（电动）挡烟垂壁未设置现场手动控制按钮。活动挡烟垂壁与墙柱之间的缝隙过大而未加以填补，挡烟功能失效。

● **管理要求**

　　活动挡烟垂壁应具有火灾自动报警系统自动启动和现场手动启动功能，当火灾确认后，火灾自动报警系统应在 15 s 内联动相应防烟分区的全部活动挡烟垂壁，60 s 以内挡烟垂壁应开启到位。活动挡烟垂壁与建筑结构（柱或墙）面的缝隙不应大于 60 mm。

19. 疏散指示标志

图 1 蓄光型疏散指示标志，直接贴于墙面

图 2 灯光型疏散指示标志灯的线路未穿管保护

● **常见问题**

疏散通道和安全出口处设置蓄光型疏散指示标志，灯光型疏散指示标志线路未穿管保护。

● **管理要求**

建筑内应当采用灯光疏散指示标志，不得采用蓄光型指示标志替代灯光疏散指示标志。灯光型疏散指示标志灯的线路应采用金属管、可弯曲金属电气导管或槽盒穿管保护至用电处，矿物绝缘类不燃性电缆可明敷。

图 3 疏散指示标志灯不亮

图 4 安全出口处未设置疏散指示标志

● **常见问题**

　　疏散指示标志灯不亮，安全出口处未设置疏散指示标志，影响人员安全疏散。

● **管理要求**

　　安全出口的正上方、疏散走道上应设置灯光疏散指示标志，且应保持完好、有效，其连续供电时间不应少于 20 min；有效地帮助人们在浓烟弥漫的情况下，及时识别疏散位置和方向，迅速沿发光疏散指示标志顺利疏散，避免造成伤亡事故。

图 5 出口标志灯安装位置过高

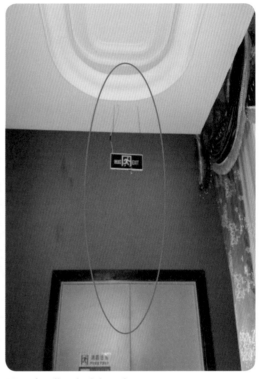

图 6 出口指示标志灯不亮

● **常见问题**

安全出口标志灯安装位置过高，发生火灾时产生的烟雾会影响视觉，不便于清晰地看到疏散指示灯。

● **管理要求**

安全出口标志灯应安装于出口门框的正上方，如果门框太高时，可安装于门框的侧口位置，其安装高度以 2 ~ 2.5 m 为宜，安全出口灯的正面画面部分应尽量与安全疏散通道保持垂直角度。

20. 应急照明

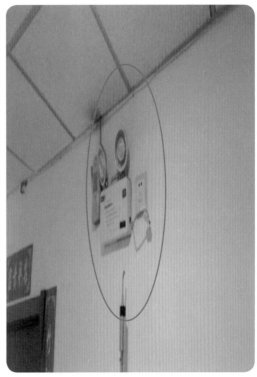

图 1、图 2 应急照明灯在断电情况下不亮，影响正常运行

● **常见问题**

应急照明灯插头被拔出，在断电情况下不亮，影响人员安全疏散。

● **管理要求**

应急照明灯具应当保持完好、有效。插头与插座之间应采用专用工具方可拆卸的连接方式，避免随意拔出插头；各类场所疏散照明照度应当符合消防技术标准要求。

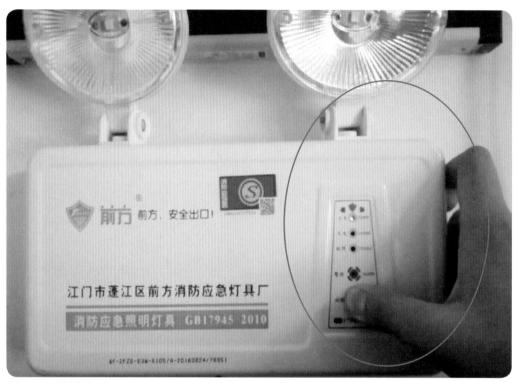

图 3 应急照明灯电池老化，应急点亮时间不足

● **常见问题**

应急照明灯具的电池老化是导致应急点亮时间不足的主要原因，电池老化导致电池容量下降影响持续照明时间。

● **管理要求**

应急照明灯具应定期检查，确保在蓄电池电源供电时的连续工作时间满足规范要求。

21. 火灾报警控制器

图1 火灾报警控制器存在大量火警、故障等
信息未处理

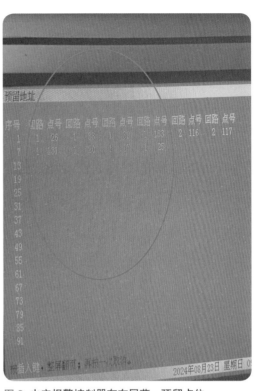

图2 火灾报警控制器存在屏蔽、预留点位

● **常见问题**

火灾报警控制器存在大量火警、故障未处理，且存在屏蔽点位、预留点位等。

● **管理要求**

单位发现火灾隐患，应立即改正；不能立即改正的，应报告上级主管人员，消防安全管理人或部门消防安全责任人应组织对报告的火灾隐患进行认定，并对整改情况的进行确认，在火灾隐患整改期间，应采取相应的安全保障措施。

22. 手动报警按钮

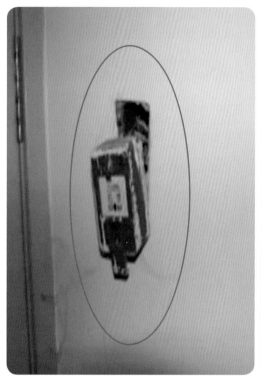

图 1　手动报警按钮脱落

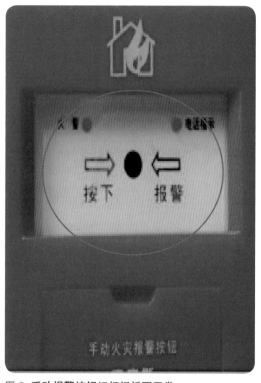

图 2　手动报警按钮红灯闪烁不正常

● **常见问题**

　　手动报警按钮脱落，影响正常使用；手动报警按钮指示灯闪烁不正常。

● **管理要求**

　　手动火灾报警按钮宜设置在疏散走道和出入口处等明显和便于操作的部位。按下有机玻璃片，按钮上火警确认灯会亮，报警控制器收到火警信号且确认位置，手动报警按钮在正常运行时，指示灯会闪亮。

23. 灭火器

图 1 灭火器压力指示不正常

图 2 灭火器筒体锈蚀、破损

● **常见问题**

灭火器压力指示不正常，影响正常使用。

灭火器筒体腐蚀、生锈或被开启使用过。

● **管理要求**

红色：灭火器内干粉压力小，重新充装。

绿色：表示压力正常，可以正常使用。

黄色：干粉压力过大，有一定的危险性。

灭火器建议放置在箱内，张贴使用方法提示，并定期进行维护保养和维修检查。

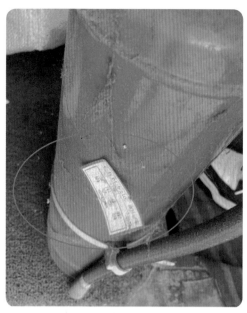

图 3 灭火器过期未进行维修或者更换

● **常见问题**

灭火器过期未进行维修或更换，到使用年限未进行报废处理。

● **管理要求**

干粉灭火器和气体灭火器应出厂期满 5 年进行维修或更换，10 年应进行报废；水基型灭火器应出厂期满 3 年进行维修或更换，6 年应进行报废。

图 4 二氧化碳灭火器日常巡检未进行称重检查

● **常见问题**

气体灭火器日常巡检过程中，未进行称重检查。

● **管理要求**

二氧化碳灭火器和储气瓶式灭火器日常巡检过程中，应采用称重法进行检查。

六、消防安全管理

1. 建筑内中庭

图1～图4 中庭内设置商铺、中庭回廊区域摆放按摩椅

● **常见问题**

中庭内设置商铺、布置可燃材料（泡沫塑料）搭建的模型和儿童游乐设施等，中庭回廊区域摆放按摩椅等休闲区域，增加了中庭的火灾荷载，影响人员安全疏散。

● **管理要求**

除休息座椅外，有顶棚的步行街上、建筑中庭内、自动扶梯下方等区域严禁设置店铺、摊位、游乐设施，严禁堆放可燃物。

2. 建筑内特殊场所

图 1 建筑内设置游艺厅、儿童游乐场未采取防火分隔

● 常见问题

建筑内设置游艺厅、儿童活动场所等，与建筑内其他部位未采取有效防火分隔措施。

● 管理要求

歌舞娱乐放映游艺场所和儿童游乐厅等与建筑的其他部位之间，应采用耐火极限不低于2.00 h的防火隔墙和1.00 h的不燃性楼板分隔，设置在厅、室墙上的门和该场所与建筑内其他部位相通的门均应采用乙级防火门。

3. 有顶棚的商业步行街

图1 步行街尽头设置的电动自然排烟窗处设置商铺

● **常见问题**

步行街尽头设置的电动自然排烟口被广告牌遮挡或设置商铺，影响建筑的通风排烟。

● **管理要求**

步行街内不应布置可燃物；自然排烟口的有效面积不应小于步行街地面面积的25%。常闭式自然排烟设施应能在火灾时手动和自动开启。

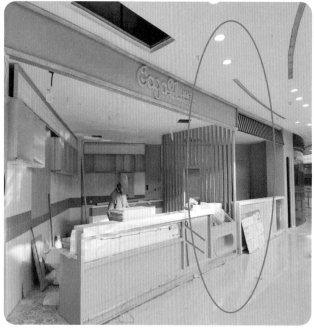

图 2、图 3 步行街原始设置的商铺防火分隔被破坏

● **常见问题**

步行街擅自改变原始设计，相邻商铺之间 2.00 h 的防火隔墙被打通合用，造成步行街的商铺建筑面积大于 300 m²，且一侧商铺及相邻商铺之间面向步行街一侧的 1.00 h 实体墙、非隔热性防火玻璃等均被拆除。

● **管理要求**

步行街内每间商铺的建筑面积不宜大于 300 m²；相邻商铺之间面向步行街一侧应设置宽度不小于 1.0 m、耐火极限不低于 1.00 h 的实体墙。

4. 施工现场

图 1、图 2　商铺装修未采取有效防火分隔，且影响安全疏散

● **常见问题**

　　施工现场未设置消防安全警示标志，施工部位与其他部位之间没有采取有效防火分隔措施，影响使用区域的安全疏散。

● **管理要求**

　　施工现场应建立用火、用电、用气等消防安全管理制度和操作规程。并与未施工区域采取有效防火分隔措施，确保公共区域的疏散通道和安全出口正常使用，保证人员安全疏散。

图 3 施工现场动火作业未办理动火许可证，且现场未配置灭火器

● **常见问题**

施工现场动火作业未办理动火许可证，动火作业人员未持资格证，且现场未按要求配置灭火器等消防器材。

● **管理要求**

动火作业应办理动火许可证；动火许可证的签发人收到动火申请后，应前往现场查验并确认动火作业的防火措施落实后，再签发动火许可证。动火操作人员应具有相应资格，动火现场应配置灭火器等消防器材。

图 4 氧气瓶与乙炔瓶的工作间距小于 5 m

图 5 空瓶和实瓶存放时未分开放置且未采取防倾
倒措施

● 常见问题

施工现场气瓶未分类储存，且未采取防倾倒措施，氧气瓶与乙炔瓶的工作间距小于 5 m。

● 管理要求

施工现场气瓶应分类储存，库房内应通风良好；空瓶和实瓶同库存放时，应分开放置，空瓶和实瓶的间距不应小于 1.5 m。气瓶使用时，氧气瓶与乙炔瓶的工作间距不应小于 5 m，气瓶与明火作业点的距离不应小于 10 m。

5. "三合一" 场所

图1、图2 储存、经营场所内设置人员住宿

● **常见问题**

"三合一" 场所是指住宿与生产、仓储、经营一种或一种以上使用功能混合设置在同一空间内的建筑，且住宿与其他使用功能之间未设置有效的防火分隔，一旦发生火灾，极易造成严重的人员伤亡和财产损失。

● **管理要求**

生产、储存、经营易燃易爆危险物品的场所不得与居住场所设置在同一建筑物内，并应当与居住场所保持安全距离。生产、储存、经营其他物品的场所与居住场所设置在同一建筑物内的，应当符合国家工程建设消防技术标准。

6. 电动自行车停放、充电

图 1、图 2 楼梯间内为电动自行车充电，存在安全隐患

● **常见问题**

　　疏散楼梯间内为电动自行车充电，私拉乱接电线，存在安全隐患。

● **管理要求**

　　电动自行车应集中存放、充电场所应当独立设置在室外，与其他建筑、安全出口保持足够的安全距离，确需设置在室内时，应当满足防火分隔、安全疏散等消防安全要求，并应加强巡查巡防或采取安排专人值守、加装自动断电、视频监控等措施。

图 3 门卫室外为电动自行车集中充电，存在安全隐患

● **常见问题**

　　非机动车集中停放场所不合理，采用拖线板集中为几辆车充电，存在安全隐患。

● **管理要求**

　　电动自行车应集中存放，充电场所应当独立设置在室外。电动自行车充电时应当确保安全，不得违反用电安全要求私拉电线和插座为电动自行车充电。

图 4 电动自行车推进公众聚集场所　　图 5 电动自行车在室内充电

● **常见问题**

电动自行车推进公众聚集场所内，停放随意，未停放在室内外专用停放点，且存在私拉电线充电的现象。

● **管理要求**

禁止电动自行车在建筑物首层门厅、共用走道、楼梯间、楼道等共用部位，以及疏散通道、安全出口、消防车通道及其两侧影响通行的区域、人员密集场所的室内区域停放、充电。电动自行车充电时应确保安全，不得违反用电安全要求私拉电线和插座为电动自行车充电。

7. 建筑外立面玻璃幕墙检修通道

图1、图2 **在堆放可燃物的场所吸烟，存在安全隐患**

● **常见问题**

建筑外立面玻璃幕墙的检修通道上堆放杂物（可燃物），且该处有吸烟现场。

● **管理要求**

禁止在人员密集的室内公共场所内吸烟。对该场所的员工及工作人员进行消防安全教育。

8. 下沉式广场

图 1、图 2 **下沉式广场盖顶、四周局部被封闭、设置百叶等改变原始设计**

● **常见问题**

　　作为安全出口的开敞式室外下沉式广场，在建筑后期改造中搭建雨篷，顶部及周围部分被封闭，减少了楼梯四周的有效排烟面积，影响楼梯的安全性能。

● **管理要求**

　　确需设置防风雨篷时，防风雨篷不应完全封闭，开口设置百叶时，百叶的有效排烟面积可按百叶通风口面积的 60% 计算。

9. 自动扶梯

图1、图2 大卖场自动扶梯下方设置仓库，不符合消防安全要求

● **常见问题**

超市、大卖场等场所设置的自动扶梯下方搭建仓库，堆放可燃物，影响消防安全。

● **管理要求**

自动扶梯底部严禁设置仓库、储藏等房间。

10. 仓库内货物"五距"

图1、图2 仓库内堆放物品不规范，影响消防安全

● **常见问题**

仓库内堆放物品不规范，影响消防安全。

● **管理要求**

仓库"五距"要求：

（1）顶距：为50 cm以上。

（2）灯距：不应小于50 cm。

（3）墙距：内墙距在30 cm以上。

（4）柱距：一般为30～50 cm。

（5）垛距：通常为100 cm。

11. 仓库内叉车管理

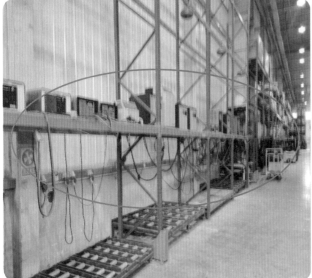

图1、图2 仓库内为叉车和电池充电

● **常见问题**

仓库内为叉车和电池充电，存在安全隐患。

● **管理要求**

叉车充电应在指定的安全区域进行，该区域应与物品储存区和操作间防火分隔。蓄电池充电和更换蓄电池必须设置在指定的区域内。充电区域应配备足量灭火器或其他消防设施。

12. 消防配电线路

图 1、图 2　消防配电线路未穿管保护至用电处

● **常见问题**

消防配电线路敷设时未穿管保护至用电处。

● **管理要求**

明敷时（包括敷设在吊顶内），应穿金属导管或采用封闭式金属槽盒保护；暗敷时，应穿管并应敷设在不燃性结构内且保护层厚度不应小于 30 mm。

13. 商铺内阁楼

图 1 商铺内搭建阁楼，不符合防火安全要求

● **常见问题**

　　商铺内搭建阁楼，作为仓库或住人，不符合防火安全要求。

● **管理要求**

　　严禁在商铺内搭建阁楼，不得在经营性场所内设置住人场所。

14. 插线板串联使用

图1、图2 商场中庭设置圣诞树和装饰物采用串联电线

● **常见问题**

商场中庭设置的圣诞树、装饰物等的电气线路采取插线板串联方式取电，存在安全隐患。

● **管理要求**

多个插线板串联使用，会造成插接头接点较多，松动而导致打火烧蚀的可能性就越大；会导致插线板负荷较重，增加了烧坏的风险；会造成插线板短路。因此应严格控制插线板私拉乱接线路。

15. 货架堆放高度

图 1、图 2 商铺内的货物堆放过高，影响消防设施的正常使用

● **常见问题**

商铺内的货物堆放过高，影响报警探测器和喷头等消防设施的正常动作。

● **管理要求**

商铺和仓库内堆放物品高度不得影响火灾自动报警系统、自动喷水灭火系统、机械排烟系统等消防设施的正常使用。

16. 室内消火栓箱标识

图 1、图 2 **室内消火栓箱标识不明显、没有明显区分**

● **常见问题**

　　室内消火栓箱标识不明显，没有明显区分。

● **管理要求**

　　室内消火栓应当设置明显的提示性、警示性标识；箱门四周的装修材料颜色应与消火栓门的颜色有明显区分；消火栓箱、灭火器箱上应当张贴使用方法标识。

17. 其他消防设施的标识

图 1 防火卷帘下方及两侧堆物

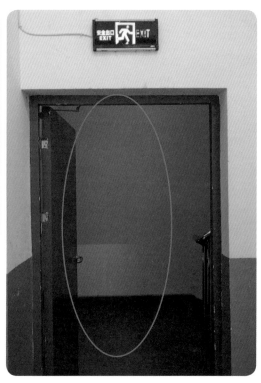

图 2 防火门未做相应使用标识

● **常见问题**

防火卷帘、常闭式防火门等建筑消防设施未做明显标识和使用提示。

● **管理要求**

防火卷帘、防火门应正常关闭，且下方及两侧各 0.5 m 范围内不得放置物品，并应用黄色标识线划定范围。

18. 安全疏散平面图

图1 公共建筑主要疏散通道上未设置疏散示意图

● **常见问题**

建筑主要疏散通道上未设置安全疏散平面图。

● **管理要求**

人员密集场所应在醒目位置悬挂、张贴本场所平面布置图，标明疏散通道、安全出口位置，提示顾客熟悉疏散路线、了解本场所消防安全等注意事项。

19. "承诺"公示牌

图 1 公示牌内容缺失

● **常见问题**

"三自主两公开一承诺"公示牌内容缺失。

● **管理要求**

三自主：自主评估风险、自主检查安全、自主整改隐患。

两公开：向社会公开消防安全责任人、管理人。

一承诺：承诺本场所不存在突出风险或者已落实防范措施。

20. 微型消防站

图 1 微型消防站器材配备不齐全，设置位置不合理

● **常见问题**

微型消防站未设置 24 小时人员值守，未按"1 分钟响应启动、3 分钟到场扑救"的要求进行站点布置，且器材装备配备不齐全。

● **管理要求**

单位应以救早、灭小和扑救初起火灾为目标，依托单位志愿消防队伍，配备必要的消防器材装备，建立微型消防站，并安排人员 24 小时值守，积极开展防火巡查和初起火灾扑救等火灾防控工作。

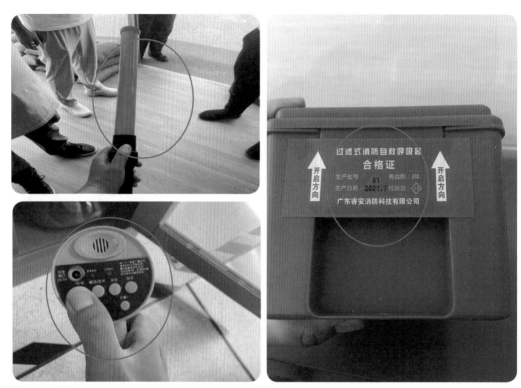

图2~图4 微型消防站扩音器、疏散引导棒无电；过滤式消防自救呼吸器过期

● **常见问题**

微型消防站配置的扩音器、疏散引导棒等未充电；过滤式消防自救呼吸器过期等。

● **管理要求**

微型消防站配置的器材应进行巡查、检查，确保器材完好、有效。

七、常用电气防火

1. 低压配电

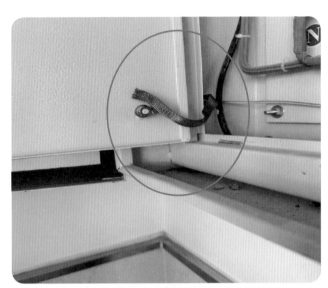

图1、图2 **配电箱门接地线松动**

● **常见问题**

配电箱（柜）箱门接地线松动，固定不牢，接地未与 PE 排连接。

● **管理要求**

《建筑电气工程施工质量验收规范》（GB 50303—2015）第 5.1.1 条之规定，装有电器的可开启的门应以裸铜软线与接地排可靠地连接。

197

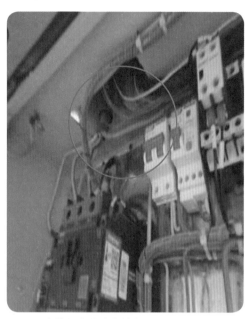

图 3 配电箱门出线孔未封堵

● 常见问题

配电箱进出线孔未封堵。

● 管理要求

《建筑电气工程施工质量验收规范》第13.2.2.8条之规定，电缆电线穿入管子、配电柜时，出入口应封闭，管口应密封。

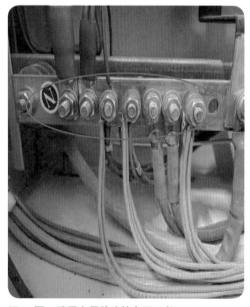

图 4 同一端子上导线连接多于 2 根

● 常见问题

同端子导线连接超标。

● 管理要求

依据《建筑电气工程施工质量验收规范》第 5.1.12.1 条之规定，同一端子上导线连接不多于 2 根，防松垫圈等零件齐全。

图 5 导线进线孔未装设绝缘护套

● **常见问题**

导线进出线孔无绝缘护套。

● **管理要求**

依据《建筑电气工程施工质量验收规范》第 5.2.10.1 条之规定，导线进出箱（盘、板）孔处，进出线孔应光滑无刺，并应装设绝缘护套。

图 6 接线端子有烧伤现象

● **常见问题**

接线端子有烧伤现象。

● **管理要求**

依据《电气装置安装工程低压电器及施工验收规范》（GB 50254—2014）第 12.3.3 条之规定，电连接点应无过热、锈蚀、烧伤和熔焊痕迹。

2. 配电箱

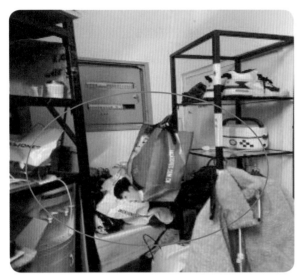

图 1 配电箱周围堆放可燃物

● **常见问题**

配电箱周围有杂物堆放。

● **管理要求**

依据《建筑电气工程施工质量验收规范》第 5.2.10 条之规定，配电箱周围不应堆放杂物。

图 2 隐藏式配电箱门未做标识

● **常见问题**

隐藏式配电箱柜门处未作标示。

● **管理要求**

依据《建筑电气工程施工质量验收规范》第 5.2.6.4 条之规定，配电箱/柜应标明被控设备编号及名称或操作位置。

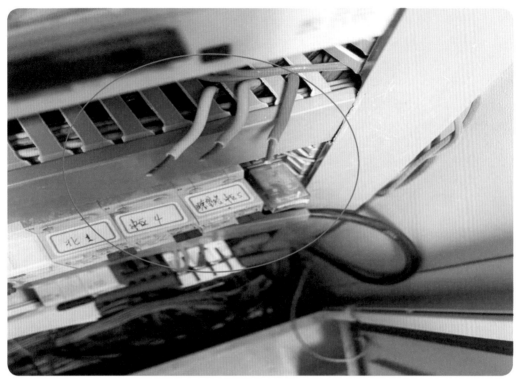

图 3　配电箱内部分导线裸露

● **常见问题**

　　配电箱内导线裸露。

● **管理要求**

　　依据《建筑电气工程施工质量验收规范》第 5.1.12.1 条之规定，配线整齐，无绞接现象；导线连接紧密，不伤芯线，不断股；导线应绝缘良好，固定牢固，导线不应有接头，同一端子上导线连接不应超过 2 根。

3. 配电线路

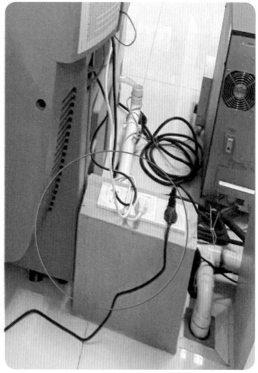

图 1、图 2 部分插座安装在可燃木板上

● **常见问题**

配电箱、控制面板、接线盒、开关、插座等直接安装在可燃材料上。

● **管理要求**

配电箱、控制面板、接线盒、开关、插座等产生的火花、电弧或高温熔珠容易引燃周围的可燃物，电气装置也会产热引燃装修材料，在装修防火设计上可采取一定隔离措施，防止危险发生。

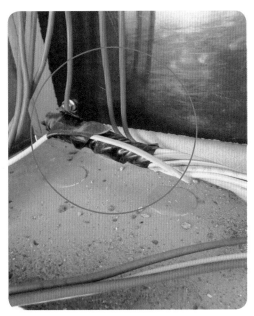

图 3　配电箱内部分导线存在接头

● **常见问题**

配电箱内导线接头现象。

● **管理要求**

依据《建筑电气工程施工质量验收规范》第 5.1.12.1 条之规定，配线整齐，无绞接现象；导线连接紧密，不伤芯线，不断股；导线应绝缘良好，固定牢固，导线不应有接头，同一端子上导线连接不应超过两根。

图 4　导线进入配电柜采用发泡胶封堵

● **常见问题**

导线进出线未用防火材料封堵（现场使用发泡）。

● **管理要求**

依据《建筑电气工程施工质量验收规范》第 13.2.2.8 条之规定，电缆进入电缆沟、隧道、竖井、建筑物、盘（柜）及穿入管子时，出入口应封闭，管口应密封（防火材料）。

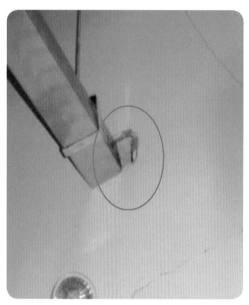

图5 桥架穿越墙体的防火封堵材料防火等级
不足

● **常见问题**

通过建筑结构未按原有防火等级封堵。

● **管理要求**

依据《低压配电设计规范》（GB 50054—2011）第7.6.28条之规定，电气布线系统通过建筑构件时应按原有建筑构件的防火等级进行封堵。

图6 **断路器上有动物尸体**

● **常见问题**

断路器上有动物尸体，电缆出入口未封堵。

● **管理要求**

依据《建筑电气工程施工质量验收规范》第13.2.2.8条之规定，电缆进入电缆沟、隧道、竖井、建筑物、盘（柜）以及穿入管子时，出入口应封闭，管口应密封（防火材料）。

4. 漏电装置

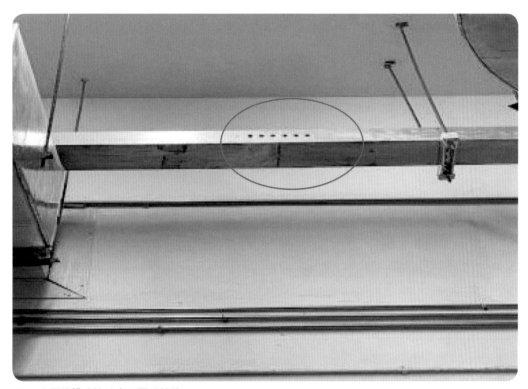

图 1 金属线槽连接处未设置跨接线

● **常见问题**

　　金属线槽连接处无跨接线。

● **管理要求**

　　依据《建筑电气工程施工质量验收规范》第 10.1.1 条之规定，金属线槽应可靠接地。

5. 电热器具

图1 餐饮店后厨电加热设备未采用专用插座

● **常见问题**

餐饮店后厨电加热设备未采用专用插座。

● **管理要求**

依据《建筑内部装修防火施工及验收规范》（GB 50354—2005）第7.0.10条之规定，电热设备应采用专用插座。

图2 电热器具周围堆放杂物

● **常见问题**

电热器具周围堆放杂物。

● **管理要求**

依据《建筑内部装修防火施工及验收规范》第7.0.10条之规定，电热器具周围不应放置杂物。

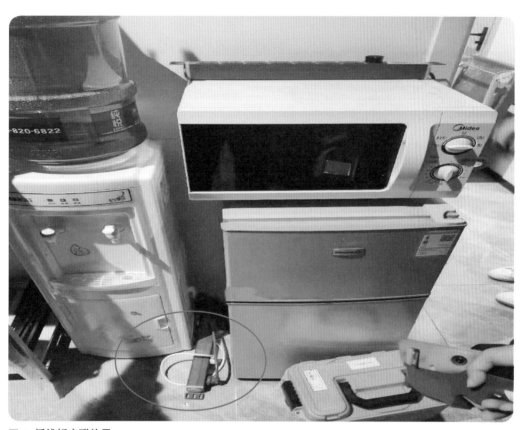

图 3　插线板串联使用

● **常见问题**

　　插线板串接使用。

● **管理要求**

　　依据《低压配电设计规范》第 2.0.1.1 条之规定，临时移动插座严禁放置在可燃物上，禁止串接使用，严禁超容量使用。

6. 电源插座

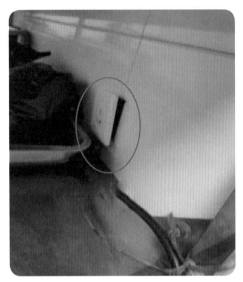

图 1　部分插座松动

● **常见问题**

电源插座松动现象。

● **管理要求**

依据《建筑电气工程施工质量验收规范》第 20.2.1 条之规定，电源插座应牢固无松动。

图 2　电源插座安装在可燃物上

● **常见问题**

电源插座安装在可燃物上。

● **管理要求**

依据《建筑内部装修防火施工及验收规范》第 7.0.10.3 条之规定，插座靠近高温物体、可燃物或安装在可燃结构上时，应采取隔热、散热等保护措施。

7. 电缆布线

图 1 金属槽盒电缆敷设量超过截面积的 40%

● **常见问题**

　　电缆敷设量超过 40%。

● **管理要求**

　　依据《低压配电设计规范》第 7.2.14 条之规定，金属导管或金属槽盒内导线的总面积不宜超过其截面积的 40%。

8. 低压成套配电柜

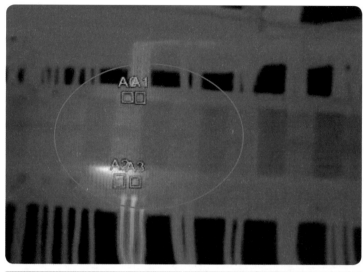

名称	最大值
A0	50.1 ℃
A1	47.6 ℃
A2	65.4 ℃
A3	60.2 ℃

图 1 同相（路）上下接线端子温差大于 10 K

● **常见问题**

开关上下端子温差超过 10 K。

● **管理要求**

依据《规定电气设备部件（特别是接线端子）允许温升的导则》（GB/T 25840—2010）第 5.2 条之规定，配电柜（屏、台、箱、盘）内母线的连接点、分支接点、接线端子的温度不应超过相应的规定数值，同相（路）上下接线端子温差应小于 10 K。

9. 管配线

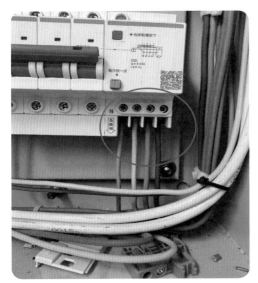

图 1　部分导线色标错误

● **常见问题**

导线色标错误。

● **管理要求**

依据《建筑电气工程施工质量验收规范》第 15.2.2 条之规定，线路导体应有明显的颜色、标志并符合规定。

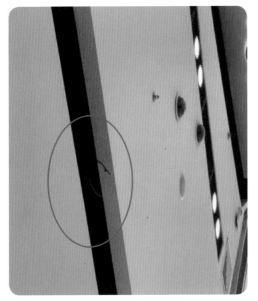

图 2　闷顶内部分导线未做防护

● **常见问题**

闷顶内导线未做防护。

● **管理要求**

依据《低压配电设计规范》第 7.2.8 条之规定，在建筑物闷顶内有可燃物时，应采用金属导管、金属槽盒布线。

图 3 火灾报警线路与强电电缆敷设在同一线槽

● 常见问题

火灾自动报警线路与强电电缆敷设在同一线槽。

● 管理要求

不同电压等级的线缆不应穿入同一根保护管内，当合用同一线槽时，线槽应有隔板分隔。

10. 电容器

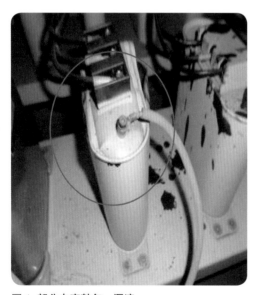

图 1 部分电容鼓包、漏液

● 常见问题

电容有鼓包、漏液现象。

● 管理要求

依据《并联电容器装置设计规范》（GB 50227—2017）第 8.2 条之规定，电容外观完整无鼓包漏液、放电现象。

重点行业领域火灾风险防范

一、大型商业综合体

典型火灾案例

> 2022年10月29日，江苏省南京金盛百货中央门店发生火灾，因着火建筑体量大，火灾荷载大、内部结构复杂，现场明火经过20余小时才得以扑灭，火灾后建筑整体变为D级危房整体拆除。火灾原因为商场内部一餐饮场所在食品加热时人员离开后未关闭电磁灶，导致厨房锅中残留物持续升温起火并燃烧到上方排油烟管道，再汇入商场室内二层横向主油烟管道燃烧，并横向、竖向蔓延，呈多点燃烧扩大成灾。

火灾风险特点

（1）建筑体量大，各类业态功能复杂。大型商业综合体建筑体量大，结构复杂多样，共享空间多，建筑设施设备系统复杂、量多面广，部分商业综合体毗邻轨道交通，兼具了轨道交通大客流以及商业建筑可燃物聚集的特点，发生火灾容易造成蔓延扩大。零售、餐饮等多业态共存，火灾风险不同，特别是近年来娱乐、休闲、教育、汽车销售以及体验式消费场景等新业态层出不穷，用火用电用气多、施工装修改造频繁，火灾风险大。

（2）人员密度大，火灾系统风险较高。大型商业综合体通常会吸引大规模客流，尤其在节假日、活动庆典等高峰时段，综合体内人员密度高，特别是某些特定楼层人员更为密集。尤其是专门餐饮楼层、改造增加网红美食街、策展型零售、潮流潮牌文创集合店、新能源汽车销售进商场等在大型商业综合体中聚集激增，由燃气、油锅起火、烟道过热蹿火引发的餐饮类火灾和电动车充电过程导致的火灾风险剧增，加之大型商业综合体内部结构复杂、人员流动密集等，增大了人员疏散逃生和救援难度，容易形成人员踩踏事故的风险。

（3）经营主体多，主体责任落实较难。商业综合体的典型特征是所有权与经营权分离，大多数综合体存在多个租赁客户，部分综合体将产权出售由多家业主共同持有，场内分租分割，用于零售、餐饮、培训等多业态，多元化的责任主体结构导致日常消防安全管理脱节混乱，使得管理责任难以有效落实，往往容易形成管理盲点和堵点。

（4）设施类别多，维护保养难度较大。大型商业综合体设置的火灾自动报警系统、自动喷水灭火系统、消火栓系统、防排烟系统、气体灭火系统、应急照明和疏散指示系统等消防设施齐全且种类众多，日常维护保养要求高、难度大。部分大型商业综合体对消防安全的重视程度不够，或者维保流程不够规范，消防设施维保往往停留在表面，缺乏实质性的有效维护和保养，导致维保工作未能真正落实到位，消防设施设备的完好有效运行存在风险。

（5）二次装修多，施工过程风险较大。大型商业综合体由于其特殊的租赁经营特质，内部商户动态调整和频繁转换快，二次装修施工多，二次装修中由于施工管理不规范，装修动火作业、临时用电用气、设施局部停用等导致的火灾风险增大，装修过程中的布局变化导致原有防火分区被破坏、安全疏散体系被改动、消防设施存在保护盲区等消防安全隐患时有发生。

火灾风险防范

（1）落实消防安全主体责任。大型商业综合体单位应明确消防安全责任人、消防安全管理人及其消防工作职责，结合单位实际，建立健全各项消防安全制度；每年应制定消防工作计划，安排落实相应消防安全保障经费，定期召开会议，研究消防安全工作，解决消防安全问题；单位消防安全责任人、消防安全管理人应经专业消防安全培训；消防控制室值班人员应取得中级及以上国家消防职业资格证书，熟练掌握消防设施操作方法，且每班不少于2人。

（2）履行消防安全管理职责。大型商业综合体单位应建立由消防安全责任人、消防安全管理人，以及物业部门、安保部门、工程管理部门、招商营运部门等负责人组成的消防管理团队，建立由消防设施维保、消防控制室、供电、燃气、给排水、通信、电梯、供热制冷、空调通风、工程维修等岗位人员组成的技术管理团队；层层细化落实管理责任与制度，真正做到消防安全工作有岗就有责，责任明晰和职责明确，层层落实，齐抓共管。

（3）加强建筑整体消防安全管理。大型商业综合体建筑消防设计中应结合灭火救援实际需要设置灭火救援窗，灭火救援窗应直通建筑内的公共区域或走道，且设置明显标识；户外电子发光牌不应直接设置在有可燃易燃材料的墙体上，不得遮挡建筑的外窗，影响灭火救援；严禁占用消防车道、消防车登高操作场地等，并设置明显禁止占用标识；严禁圈占、遮挡建筑室内外消火栓及水泵接合器等消防设施，并设置醒目禁止标识。

（4）加强非营业区域消防安全管理。大型商业综合体不得擅自改变建筑使用性质，设计功能为观赏或交通廊道的中庭底部或回廊、下沉式广场、有顶棚的步行街、交通连廊、首层扩大封闭楼梯间或扩大防烟楼梯间前室、防火隔间、自动扶梯底部等部位原则上不作为商业或其他功能使用；建筑中庭、楼层疏散通道等非营业区域作为品牌宣传发布、单位公益活动等临时使用，不得影响安全疏散，应严格控制可燃物，落实电气线路监控、灭火器材及专人值守等针对性防范措施；建筑屋顶作为体育活动场地、园艺绿化等使用，严禁采用可燃材料搭建临时建构筑物，应配置相应的灭火器材，并确保人员安全疏散；地下停车场作为洗车等临时使用，不得搭建设有屋顶的建构筑物，严禁使用可燃材料搭建、装饰，且严禁烤漆、钣金等修理作业，并配置相应消防设施和灭火器材；地下室严禁住人、违规设置库房或者超量存放易燃可燃货物。

（5）加强内部商户消防安全管理。大型商业综合体单位应严格按照建筑原消防设计审批意见开展商业租赁招商活动，不得随意变更、破坏原消防设计审批确定的用途、面积等消防安全边界条件；严禁将不符合设置儿童活动场所、公共娱乐场所的区域出租给承租人；作为上述用途使用，商户附属库房应采用耐火极限不低于3.00 h的防火隔墙和甲级防火门与其他部位进行分隔；大型商业综合体单位工程、消防安全等部门应根据本单位部门职责分工，做好商户装修进场前安全培训、告知提示以及装修过程中动火、焊接以及用电等作业监管，并按照消防行政许可相关政策，做好施工和开业前消防安全监管把关；严禁营业期间进行电焊、气焊、切割、砂轮切割、油漆等具有火灾危险的施工、维修作业，日常动火作业应落实严格审批与监护措施。

（6）加强餐饮场所消防安全管理。大型商业综合体内部餐饮场所禁止使用液化石油气，设置在地下的餐饮场所严禁使用燃气；餐饮场所使用可燃气体做燃料时，可燃气体燃料必须采用管道供气，排油烟罩及烹饪部位应设置能联动自动切断燃料输送管道的自动灭火装置；餐饮场所厨房应靠外墙设置，且应采用耐火等级不低 2.00 h 的防火隔墙与其他部位分隔，墙上的门、窗应采用乙级防火门、窗，确受条件限制可采用防火卷帘，但应符合相关消防技术规定；餐饮场所敞开式食品加工区必须采用电加热设施，严禁在用餐场所使用明火；明火作业或高温食用油的食品加工部位应设置自动灭火装置；餐饮场所采用木材、炭火等进行明火烤制区域应设置厨房内，且烟道应单独设置，不得与排烟管道合用；厨房排油烟管道的支管与垂直排风管连接处应设置 150 ℃时动作的防火阀；厨房竖向排风管应采取防止回流措施并宜在支管上设置公称动作温度为 70 ℃的防火阀；管道、电气线路敷设在墙体内或穿过楼板、墙体时，应采取防火保护措施，与墙体、楼板之间的缝隙应采用防火封堵材料填塞密实；厨房炉灶、烟道等设施与可燃物之间应采取隔热或散热等防火措施；厨房油烟管道应至少每季度委托专业机构清洗确保洁净。

（7）加强日常消防检查防火巡查。大型商业综合体单位应根据实际确定消防安全重点部位，设置防火标志，实行严格管理；消防安全责任人、消防安全管理人应定期组织消防检查，落实专人每 2 小时开展 1 次防火巡查，并建立消防检查、防火巡查工作记录；应对建筑及其内部场所消防设施器材、电气线路敷设及疏散通道、安全出口等进行重点检查与动态巡查，建筑消防设施等故障应立即检修或报修，落实整修期间的针对安全防范对策，并做好故障记录；对需要控制人员随意出入的疏散门和设置门禁系统的外门，应保证火灾时不需要使用钥匙等任何工具即能从内部易于打开，并在显著位置设置使用提示标识。

（8）加强消防安全宣传培训教育。大型商业综合体单位应对员工进行岗前消防安全培训，定期组织消防安全培训教育，并督促建筑内部场所开展员工消防安全培训，切实掌握消防安全"一懂三会"（懂场所火灾危险性，会报火警、会扑救初起火灾、会组织逃生和自救）基本常识；应在建筑户外视屏、电子屏等滚动播放消防安全宣传提示内容，并在大厅、电梯、服务台、通道、安全出口等醒目部位，设置消防安全"三提示"内容及疏散逃生路线图；应督促建筑内部放映、网吧、游艺等公众聚集场所设置放映、开机消防安全提示，在入口、通道等醒目部位，设置消防安全"三提示"内容等，内部场所与综合体整体营业时间延后的，应保留专用疏散通道，并制定疏散预案和开展演练。

（9）加强社会服务机构运用。大型商业综合体单位应聘请具有相应资质的消防技术服务机构，每年对单位消防安全进行评估，对建筑消防设施进行检测，根据评估和检测结论落实针对整改；应结合实际委托具有相应资质的消防技术服务机构开展消防设施维修保养；应在消防控制室醒目位置标示消防技术服务机构名称、类型机构等级、项目负责人、现场操作人员姓名及联系方式、维修保养期限等信息；应运用消防物联网等新技术，对建筑消防设施实行实时监控，鼓励安装电气火灾检测系统等智慧用电与检测技术，单位消防安全责任人、消防安全管理人以及消防重点岗位人员可通过物联网系统全时段、可视化监测掌握消防设施完好状况和消防安全状况，实时监测和评估消防安全风险，及时准确处置系统相关信息；应投保火灾公众责任保险，并鼓励内部一定规模的公众聚集场所投保火灾公众责任保险。

（10）加强消防应急体系建设。大型商业综合体单位应建立微型消防站，设置满足需要的专（兼）职消防队员，配备规定的消防装备器材，组织开展经常性实战训练，主动联系辖区消防救援站开展业务训练；应建立专职消防队或微型消防站，且根据建筑规模实际，因地制宜构建"总站、分部、多点"多级分置格局，建立完善配套工作机制，微型消防站应至少每季度开展1次灭火演练；完善修订灭火和应急疏散预案应以最大限度确保人员安全疏散和初起火灾扑救为基本点，分楼层、分业态、分时段等设置不同火灾场景，通过分类与全项演练不断完善修订，尤其要发动内部商户员工积极参与，每半年组织开展1次消防演练，并督促建筑内部场所制定相应灭火和应急疏散预案并开展演练，提升全员消防自救能力，真正将大型商业综合体打造成消防安全共同体。

二、厂房仓库

典型火灾案例

　　2022年11月21日，河南省安阳市凯信达商贸有限公司发生特别重大火灾事故，造成42人死亡、2人受伤，直接经济损失约12 311万元。火灾原因是作业人员在一层仓库内违法违规电焊作业，高温焊渣引燃附近的包装纸箱，纸箱内的瓶装聚氨酯泡沫填缝剂受热爆炸起火蔓延扩大成灾。

火灾风险特点

　　（1）厂房、仓库层层转租或分租，产权方、租赁方及使用方等消防安全责任不明确，日常消防安全管理脱节或缺位，随意分隔出租或改变用途。部分建筑出租甚至层层转租分租后，安全经营"隐身"，安全管理"缺席"，安全责任"落空"，现场租户缺少主责意识，抱有临时心态，导致前期改造和日常运行安全主动投入意愿不强，日常消防安全管理容易脱节，造成无序混乱。

　　（2）部分丁、戊类厂房、仓库被擅自改变用途作为丙类甚至甲、乙类厂房、仓库或冷库使用，导致所在建筑的耐火等级不符合相应要求，消防设施配置、防火分区设置等不满足消防安全技术规范要求。

　　（3）部分厂房、仓库内设置办公室、休息室未与其他部位采取有效防火分隔措施，未设置独立安全出口，甚至在仓库内设置员工宿舍住人。

　　（4）部分厂房、仓库电气线路敷设不规范，仓库内未设置防爆灯具，在厂房仓库内为叉车充电，甚至将电动自行车停放在库内或室内充电。

　　（5）部分仓库擅自改为高架仓库，使用后未在货架内设置喷淋保护；仓库货物堆放混乱，未按照"五距"要求放置，甚至将化学危险品及其他货品混杂存放；特殊生产工艺或火灾高风险部位未制订针对性火灾防控措施。

（6）部分厂房、仓库之间搭建挡雨棚且放置大量货品，占用防火间距和消防车道，影响消防车正常通行；部分厂房、仓库建筑外墙外设置雨棚（含移动式），占用防火间距和消防车道。

（7）部分厂房、仓库建筑消防设施缺少维护保养，未保持完好有效；室内外消火栓被圈占、遮挡，甚至配件缺损。

（8）部分厂房、仓库建筑内货品堆放凌乱，甚至在疏散通道、安全出口处及防火卷帘下放置货物或杂物，影响人员安全疏散或防火卷帘应急降落。

（9）部分厂房、仓库单位消防控制室值班人员未持证或上岗值班人员缺少，甚至在夜间无专业人员值班。部分厂房、仓库单位微型消防站等自救队伍力量、装备、器材配置不规范，人员未开展经常性训练和演练，不能实现"1、3、5分钟"响应机制，应急处置能力薄弱。

（10）部分厂房、仓库单位消防安全管理制度和灭火应急预案不健全、不科学，各项消防安全制度形同虚设，消防安全宣传教育培训警示缺位，流于形式。厂区及建筑内未设置禁止明火标志甚至存在室内违规吸烟现象，随意动火作业，缺少审批把关和现场监护。

火灾风险防范

（1）厂房、仓库应落实逐级消防安全责任制和岗位消防安全责任制，明确逐级和岗位消防安全工作职责，确定各级、各岗位的消防安全责任人员及其消防工作职责。

（2）厂房、仓库的出租人、承租人应当以书面形式明确各方消防安全责任；未以书面形式明确的，出租人应对共用的疏散通道、安全出口、建筑消防设施和消防车通道负责统一管理，承租人对承租厂房、仓库的消防安全负责。同一厂房、仓库有两个及以上出租人、承租人使用的，应当委托物业服务企业，或者明确一个出租人、承租人负责统一管理，并通过书面形式明确出租人、承租人、物业服务企业各方消防安全责任。

（3）不得违规改变厂房、仓库的使用性质和使用功能。出租前，出租人应当了解承租人生产、储存物品的火灾危险性类别。承租人生产、储存物品的火灾危险性应当与租赁厂房、仓库的建筑消防安全设防水平相符。承租人需要改变厂房、仓库使用性质和使用功能的，应当书面征得出租人同意；依法需要审批的，应当报有关行政主管部门批准。

（4）厂房、仓库内设置办公室、休息室应当符合国家工程建设消防技术标准。严禁在厂房、仓库内设置员工宿舍。

（5）厂房内中间仓库和租赁仓库内甲乙类物品、一般物品及容易相互发生化学反应或者灭火方法不同的物品，必须分间、分库储存，并在醒目处标明储存物品的名称、性质和灭火方法。

（6）厂房、仓库存在分拣、加工、包装等作业的，应当采用符合规定的防火分隔措施，不得减少疏散通道、安全出口的数量和宽度。严禁采用易燃可燃材料作为隔墙进行分隔。

（7）同一厂房、仓库有两个及以上出租人、承租人使用的，各方应当建立消防协作机制，共同制定防火安全公约，开展联合防火巡查检查、消防安全宣传教育和消防演练，定期召开会议，推动解决消防安全重大问题。

（8）厂房、仓库消防设施、器材，应当明确专人管理，负责检查、维修、保养和更换，保证完好有效，不得损坏、挪用或者擅自拆除、停用。设置消防控制室的厂房、仓库，自动消防系统的操作人员应依法持证上岗，并熟悉基本操作规程。

（9）厂房、仓库因生产工艺、装修改造或者其他特殊情况需要进行电焊、气焊等具有火灾危险作业的，动火部门和人员应当按照用火安全管理制度事先办理审批手续。动火审批手续应当经消防安全责任人或者消防安全管理人批准，并落实相应的消防安全措施，在确认无火灾、爆炸危险后方可动火施工。动火审批手续应当注明动火地点、时间、动火作业人、现场监护人、批准人和消防安全措施等事项，坚决确保动火作业安全。

（10）厂房、仓库应当建立用电安全管理制度。电器产品的安装、使用及其线路的敷设、维护保养、检测，必须符合消防技术标准和管理规定。严禁在厂房、仓库内为电动自行车、电驱动车辆充电。厂房、仓库使用燃油燃气设备的，应当建立用油用气安全管理制度，制定用油用气事故应急处置预案，在明显位置设置用油用气安全标识；燃油燃气管道敷设、燃油燃气设备安装、防火防爆设施设置必须符合消防技术标准和管理规定。

（11）厂房、仓库内设置冷库的应当由具备相应工程设计、施工资质的单位进行建设，保温材料燃烧性能、防火分隔、安全疏散、消防设施设置、制冷机房的安全防护、电气线路敷设等应当符合国家工程建设消防技术标准。严禁冷库使用易燃、可燃保温隔热材料，严禁私搭乱接电气线路。

（12）厂房、仓库应当按照规定或者根据需要建立专职消防队、志愿消防队等多种形式的消防组织，设置微型消防站，配备消防装备、器材，制定灭火和应急疏散预案，定期组织开展消防演练，加强联勤联动。

（13）针对储存危险化学品的厂房，应严格按照国家标准储存，划分独立的防火分区，采取自动灭火装置，并对相关工作人员进行定期安全培训和考核，确保对危险化学品的火灾防控措施到位。

（14）厂房、仓库管理应定期组织现场员工开展消防安全培训教育，确保掌握基本消防安全常识和灭火技能。

三、宾馆酒店

典型火灾案例

2018年8月25日，黑龙江省哈尔滨北龙汤泉休闲酒店有限公司发生重大火灾事故，造成20人死亡、23人受伤，过火面积约400 m²，直接经济损失2 504.8万元。起火原因为二期温泉区二层平台靠近西墙北侧顶棚悬挂的风机盘管机组电气线路短路，形成高温电弧引燃周围塑料绿植装饰材料并蔓延扩大成灾。

火灾风险特点

（1）经营与建筑产权结构复杂。宾馆酒店有自有产权、有租赁经营，部分加盟酒店采用"管理合同模式"，加盟商与品牌方签订管理合同，品牌方负责酒店的日常运营管理，日常消防安全责任界限不清。

（2）可燃装修材料多、火灾荷载大。部分宾馆酒店为了追求美观，大量采用木材、棉、麻、丝、毛及其他纤维织品等易燃可燃材料装修，增加了建筑火灾荷载。一旦这些材料被引燃，火势会迅速蔓延，且难以控制。同时，这些材料燃烧时，会释放出大量有毒有害气体和烟雾，给疏散和灭火救援增加难度，进一步提升了火灾风险和危害。

（3）建筑结构复杂、燃烧蔓延速度快。一些现代化星级宾馆和饭店集餐饮、会议、购物、住宿、娱乐等为一体，具有建筑体量大、结构复杂、接待人员多等特点，增大了疏散逃生难度。在火灾发生时，烟雾和火势容易封锁疏散通道和安全出口，导致人员无法及时疏散。宾馆酒店建筑内管道井、电梯井、垃圾井等竖井林立，还有通风管道纵横交错。一旦发生火灾，竖井产生的烟囱效应使火灾沿着竖井和通风管道迅速蔓延扩大，危及整幢建筑。

（4）仓库可燃易燃物品多且堆放不规范。部分酒店布草间内大量换洗被褥、床单、毛巾等易燃可燃生活用品堆放不规范，与照明灯具距离过近；部分保洁人员在布草间内吸烟、为手机充电、存放使用电饭煲、热得快等情况易引发火灾。

（5）部分宾馆酒店为了控制人员随意进出，在疏散通道和安全出口处设置门锁，在窗口安装栅栏等障碍物，影响人员疏散和逃生救援。客人在入住酒店后，一般未留意疏散通道和安全出口的位置，火灾发生时惊慌容易失措，找不到逃生方向，造成人员伤亡。

（6）住宿客流密集且日常流动性大。入住的客人来自不同地区，背景各不相同，对宾馆酒店的环境和安全设施不熟悉，尤其是在旅游旺季、会议期间或大型活动举办时，短时间内会有大量人员聚集。

（7）用火用电频繁，致灾因素多。宾馆酒店用火用电频繁，厨房油烟管道未及时清理或油烟清理不干净，以及用火不慎或油锅过热都可能引发火灾；部分客人卧床吸烟，乱扔烟头可能引发火灾。手机、充电宝、游戏机、电脑等电子产品长期处于运行状态，容易因过载、短路、接触不良等原因引发电气火灾。部分酒店电气线路敷设不规范，私拉乱接现象严重，增加电气火灾的风险。

（8）部分宾馆酒店装修改造施工时，由于违章使用明火、检修施工过程中焊割作业等安全保护措施不到位，加之施工材料不符合消防安全的规定且现场堆放混乱无序，容易导致火灾发生。

火灾风险防范

（1）宾馆酒店应建立健全消防安全管理制度，品牌方、加盟方应书面明确各自消防安全职责，把消防安全作为主要内容纳入日常经营管理范围，建立健全各项消防安全管理制度，严格落实消防安全责任制和岗位消防安全责任，强化日常消防安全监督检查和定期考核。

（2）附设在建筑内宾馆酒店，应与建筑产权方、物业方建立健全日常消防安全管理沟通机制，明确共用疏散楼梯安全出口、消防车道，以及消防设施等各自消防安全责任。

（3）宾馆酒店应全面梳理消防安全重点部位，明确落实日常消防安全管理部门和具体责任人，严格落实"实名制"防火安全管理，确保重点部位消防安全。

（4）宾馆酒店应加强消防设施日常维护与保养，委托专业技术服务机构和聘请专业技术人员定期检查和维护消防设备，确保完好运行；严禁遮挡、圈占室内外消火栓、水泵接合器，且应在室内消火栓和灭火器箱体上设置操作使用图示，在客房区域配置疏散示意图，重点加强仓库、布草间等储藏库房检查。

（5）宾馆酒店严禁将安全出口、楼层疏散门锁闭或设置电子门禁，严禁疏散通道、安全出口堆物占用，常闭式防火门应保证关闭且在门扇上应有"常闭式防火门，请保持关闭"的明显标识。

（6）宾馆酒店应加强电气设备日常检查与维护保养，严禁电气线路敷设未穿阻燃或金属管保护及超负荷用电，严禁在用电设备附近放置易燃可燃物品。

（7）宾馆酒店应加强厨房油烟管道定期（每季度至少一次）清洗，保持日常干净整洁，且厨房应设置防火门窗与其他部位防火分隔，安装燃气泄漏报警装置，并定期检查确保完好有效。

（8）宾馆酒店应加强装修动火作业安全管理，严格落实动火作业审批和现场全过程安全监护，确保动火安全。

（9）宾馆酒店应针对客房、厨房、配电房等消防安全重点部位，制定不同场景的灭火和应急疏散预案，并分时段开展演练，切实提高单位灭火和应急疏散处置能力。

（10）宾馆酒店应定期开展消防安全教育培训，确保全员熟练掌握消防安全"一懂三会"基本常识（懂所在场所火灾危险性、会报火警、会扑救初起火灾、会组织人员疏散逃生）；大厅、疏散走道和每个房间应设置疏散逃生路线图，且在大厅或电梯前室等公共部位设置消防安全"三提示"，客房内应配备应急手电筒、防烟面具等逃生器材及使用说明。

四、餐饮场所

典型火灾案例

2007年5月26日，辽宁省朝阳市百姓楼酒店发生火灾，过火面积760 m^2，导致11人死亡、16人受伤。火灾原因为饭店厨师在操作过程中违反安全操作规程，致使油锅内油量过大，油品溢出被明火引燃扩大成灾。

火灾风险特点

（1）燃气使用不当引发火灾。部分餐饮场所对燃气塑胶软管或金属管缺乏必要的维护与定期更换，塑胶管老化、裂纹，金属管生锈腐蚀或接管松动，导致燃气泄漏，处置不当遇见点火源，极易引发爆炸燃烧起火。

（2）日常防火不规范引发火灾。餐饮场所人员多且较为集中、流动性大，加之部分餐饮场所防火分隔不到位，后厨疏散通道堆放杂物，内部隔断、吊顶等大量使用易燃可燃材料，一旦发生火灾，燃烧猛烈，还会产生高温有毒气体，给疏散和扑救工作带来很大困难。

（3）油烟管道引发火灾。厨房所处环境一般比较潮湿，烹饪过程中产生的不均匀燃烧物油层附着在油烟管道和油烟机表面，如果积油过多，清洗不及时或不彻底，或者只清洗支管不清洗总管，火苗上飘吸入烟道，油污遇明火燃烧，油烟管道油垢被点燃容易导致火灾发生。

（4）电气线路敷设不规范。部分餐饮场所电线私拉乱接、年久老化失修，加之电气线路未按规定穿管，厨房湿度大油垢附着沉积量大，加之温度原因容易使电气线路绝缘层氧化导致电路故障引发火灾；厨房内大功率电器、插座在长期的烟尘、油垢作用下容易造成短路引发火灾。

（5）日常用气不规范。部分餐饮场所使用罐装液化石油气，用户在使用液化气罐时，未按照相关安全规范操作，如，使用不合格灶具、私接三通管等，极易产生气体泄漏导致爆炸火灾风险；液化气罐在露天高温下的压力会升高，如果未采取降温措施，也可能引发安全事故。

（6）厨房用火不规范。餐饮场所厨房在油炸食物时由于加油量过多，油液煮沸溢出，或对油加温时间过长引起食油自燃导致火灾；在烧、煨、炖食物时，无人看管导致浮油溢出遇明火燃烧起火。

火灾风险防范

（1）餐饮场所应明确消防安全责任人、消防安全管理人，并细化明晰场所各岗位的消防安全职责，对职工特别是厨房人员要进行岗前培训，定期组织灭火和应急疏散演练，每日要进行防火巡查（营业期间每2小时开展一次防火巡查），每月定期开展防火检查。

（2）餐饮场所应加强日常消防设施维护保养，确保场所内各类消防设施完好有效，保持常闭式防火门常闭，安全出口、疏散通道、楼梯间等严禁堆物占用，确保畅通无阻。厨房按照相关技术规范要求，设置灶台自动灭火装置并确保处于正常工作状态。

（3）餐饮场所应加强日常用气安全管理，使用瓶装液化气的，总重量不得超过 60 kg，且保持室内通风良好；超过 60 kg 的应在室外设置专用气瓶间，且满足相关安全要求。钢瓶与灶具连接的软管必须使用燃气专用连接软管，不得设置"三通"，连接软管长度不应超过 2.0 m，且必须使用金属夹箍紧固。钢瓶与灶具的净距离不应小于 0.5 m。钢瓶应直立放置使用，不应卧放、倒置，严禁使用明火、蒸汽或热水加热。

（4）餐饮场所应定期检测燃气泄漏，安装符合标准的燃气报警装置，且确保其灵敏有效。建议引入定期维护流程，每季度至少检测一次。

（5）餐饮场所厨房应当安装与用气类型相匹配的燃气报警装置，其中，使用液化气的，离地面不应大于 30 cm，使用天然气的，离顶面不应大于 30 cm，且应定期进行年检，确保燃气报警装置灵敏有效。

（6）餐饮场所使用燃气时应保持空气流通，人不要离开，使用后应及时关闭阀门；每天营业结束前要落实专人检查各项用火用电用气设备，严格落实每日"三关一闭"（关水、关电、关气、关闭防火门）管理工作制度。

（7）餐饮场所厨房应按照相关规范要求配置灭火器材和灭火毯等消防器材，且对现场人员进行全员培训，确保人人都会熟练使用。

（8）餐饮场所内电气线路和电气设备均应由正规电工规范敷设与安装，且做好日常检查与维护保养，严禁随意私拉乱接电线或超负荷用电。

（9）餐饮场所应定期对灶具、管道和阀门等进行检测，发现损坏、老化、变形或磨损等应及时报修或更新。

（10）餐饮场所油烟管道应定期清洗，保持洁净，其中，灶台上方挡火板每日清洗，油烟管道每周清洗，主油烟管道每季度清洗。

（11）餐饮场所应定期组织人员开展消防安全教育培训，熟悉消防安全"一懂三会"（懂本场所火灾危险性，会使用灭火器材，会报火警，会组织疏散逃生）。

（12）餐饮场所应制定灭火和应急疏散应急预案，并定期组织演练，如发生燃气泄漏事故，应正确做到"五步处理"：关阀断气、疏散人员、开窗通风、室外报警、设置警戒。

五、医疗机构

典型火灾案例

2023年4月18日，北京市长峰医院发生重大火灾事故，造成29人死亡、42人受伤、直接财产损失3831.82万元。事故直接原因为医院改造工程存在违规交叉作业，切割金属时火花导致有机涂料爆燃并引燃现场可燃物扩大成灾。

火灾风险特点

（1）场所特性导致管理难度大。医疗机构建筑体量大、人流密度大，就诊病人在同一时段比较集中，涉及行动迟缓或者无自主行为能力人员，发生火灾时疏散撤离难；科室部门和人员类别多，人员构成复杂，科室部门责任边界划分难、日常动态管理难；设备仪器数量多、可燃物质多。

（2）安全责任落实存在缺口。部分医疗机构未能结合自身实际逐级建立或全面落实消防安全责任制，消防安全管理人员为兼职人员，管理能力水平参差不齐。部分医疗机构未能将消防安全责任层层落实到岗到人，日常管理存在较多盲区，尤其是未细化落实到岗位末梢，未按照相关标准和单位自身实际，针对梳理确定消防安全重点部位，细化落实日常"实名制"安全管理。

（3）施工现场安全管理缺位。部分医疗机构边营业边改造，甚至存在随意改变建筑或区域使用用途，破坏原有消防安全设防标准，且存在施工区域未与其他区域进行有效防火分隔现象，甚至片面将施工安全寄托于施工单位，缺少施工全过程安全监管。施工人员消防安全意识不高，现场管理松散。部分施工现场动火审批把关不严，甚至未经审批擅自动火作业，动火现场安全监护缺位，存在较大安全风险。

（4）疏散通道违规设置障碍。部分医疗机构在疏散通道上增设分隔门、设置门禁或其他障碍，有的甚至在通道上设置门锁，破坏原有疏散体系。部分医疗机构门禁无法正常联动释放，尤其在病房等重点部位疏散通道上设置门禁，无法满足火灾应急情况下快速安全疏散的要求。部分医疗机构存在疏散通道、安全出口放置医疗设备、日用耗材等占用现象。部分医疗机构擅自搭建临时建构物，消防安全设防不符合要求，甚至占用防火间距或消防车通道。

（5）消防设施设置存在欠缺。部分医疗机构受建筑建设年代和历史遗留问题影响，防火间距不足、缺少登高救援场地、高层病房楼未设置避难间等，设备机房、疏散楼梯等擅自用作仓库、休息室等较为普遍，管道井内堆放可燃杂物，占用、堵塞、封闭疏散通道、安全出口，遮挡疏散指示标志或防火卷帘下堆放影响正常降落等情况较为普遍。常闭式防火门未能保持关闭状态，常开式防火门无法联动释放关闭。

（6）防火巡查检查流于形式。部分医疗机构日常消防安全检查、防火巡查未明确专职人员，仅安排给安保人员，检查巡查职责不明，范围不清，检查巡查走过场，发现和整改火灾隐患能力较弱。部分医疗机构消防安全责任人、消防安全管理人未按照要求开展日常检查巡查，检查巡查职责落空。

（7）重点岗位履职能力不强。部分医疗机构存在消防控制室值班人员不会操作建筑消防设施，对单位消防应急处置流程不掌握。部分医疗机构电工日常检查巡查标准不高，故障维修未能按照技术规范操作，作业随意性较强，对电气火灾风险缺乏基本防控。

（8）安全教育培训深度不足。部分医疗机构未设置人员密集场所消防安全"三提示"和消防安全"三自主两公开一承诺"等公示提示牌。部分医护人员对本岗位火灾危险性认知不足，火灾防范意识、初起火灾扑救能力、安全自救互救知识普遍欠缺，尤其是对第三方服务人员消防安全培训教育与管理普遍不足。

（9）应急处置存在较大短板。部分医疗机构灭火和应急疏散预案未能区分白天与夜间，以及不同重点部位、施工作业环节等差异情况，预案内容与现实存在较大差距，预案和演练流于形式。部分医疗机构微型消防站形同虚设，无法做到"1分钟出动、3分钟到场、5分钟处置"，微型消防站成员兼职难以履行岗位职责。

火灾风险防范

（1）医疗机构应全面实行"党政同责、一岗双责、齐抓共管、失职追责"制度，切实履行消防安全主体责任，逐级落实消防安全责任制，根据机构自身情况设立消防安全管理部门或配备安全管理人员并明确日常具体消防工作职责。

（2）医疗机构应全面梳理容易发生火灾部位、发生火灾时危害较大部位、对消防安全有重大影响部位，并严格落实"实名制"消防安全管控。

（3）医疗机构应严格落实定期消防检查和日常防火巡查，重点检查堵塞占用疏散通道，违规占用设备机房、疏散楼梯间和管道井等现象，遮挡疏散指示标志，私拉乱接电气线路，锁闭安全出口等，日常检查应实施病区科室自查、保安人员日查和专业人员周期性检查相结合方式展开。

（4）医疗机构内已有的防火分区及其防火分隔物、所设置的消防设施、器材等，不得擅自拆改或移动。消防车道、建筑间的防火间距和消防车作业场地不应被占用，室外消火栓不应被埋压、圈占。室外消火栓、消防水泵接合器和消防水池的取水口的标识应明显清晰并标示严禁占用。

（5）医疗机构建筑内疏散走道、安全出口应保持畅通，疏散门和楼梯间的门不应被锁闭，禁止占用、堵塞疏散走道和楼梯间，安全出口、疏散走道、疏散楼梯和救援窗口上不应安装栅栏；当确需控制人员出入或设置门禁系统时，应采取措施使之能在火灾时自动开启或无需管理人员帮助即能从内部向疏散方向开启。常闭式防火门应保持关闭，且门扇上应有"常闭式防火门，请保持关闭"的明显标识。走道等部位因使用需求设置的常开式防火门，应保证其火灾时能自动关闭，自动和手动关闭的装置应完好有效。

（6）医疗机构应按照相关规定委托具有相应资质的消防技术服务机构对建筑消防设施进行维护保养管理，使其始终处于正常运行状态。医疗机构应每年委托具有相关资质的机构对其消防设施进行全面检测，对检测中发现的问题应及时整改，确保消防设施完好有效。属于火灾高危单位的医疗机构，应每年至少开展一次消防安全评估。

（7）医疗机构应强化电气线路日常维护保养管理，定期进行电气和防雷检测，电气线路敷设应严格按照规范采取穿金属、阻燃导管或采用封闭式金属槽盒等防火保护措施，且严防超负荷用电。

（8）医疗机构建筑内不同区域的明显位置，如人员较集中的位置、疏散走道的墙面上等位置应设置区域安全疏散指示图，指示图上应标明疏散路线、安全出口、人员所在位置和必要的文字说明。应急照明、灯光疏散指示标志和消防安全标识应完好有效，不应被遮挡。

（9）医疗机构消防控制室应严格按照相关规定，落实 24 小时持证上岗制度，微型消防站应配足个人防护和灭火救援器材，加强值班和日常训练，提高初起火灾扑灭能力。

（10）医疗机构新建、扩建建筑、装修改造和改变建筑用途时，建筑的防火设计应符合国家现行消防技术标准的要求，并依法办理建设工程消防设计审核手续。内部装修材料和临时装饰性材料或分隔组件的燃烧性能要求和标识，应符合相关消防技术的规定。

（11）医疗机构各类施工应严格遵守报批报备手续，动火切割作业应严格遵守相关作业和审批规程，严格控制作业范围和时间，严禁交叉施工或在不具备作业条件、附近有人员的区域实施动火作业，作业监护人员必须持证上岗，并配置足够的灭火器材。

（12）医疗机构应编制符合医院实际需求的分级灭火和应急疏散预案，根据病患的自主疏散能力优化布置各科室楼层位置以降低人员疏散难度，以不同的应用场景和着火部位、区域形成对应预案并定期演练。尤其应针对夜间医护人员较少、住院病患人员行动不便的情况，制定专门的应急疏散方案，确保夜间时段火灾应急处理能力。

（13）医疗机构应定期开展消防宣传培训，在明显位置设置图画、视频等形式向患者和陪护家属介绍消防应急疏散方法、路径、通道，宣传火灾危害、防火、灭火、应急疏散等知识。医疗机构工作人员应自觉接受消防安全教育培训，了解消防安全常识，懂得所在岗位火灾风险，懂得预防火灾的措施，懂得火灾的扑救方法和火灾时的疏散方法；在火灾时，会报火警，会使用消防器材，会扑灭初起火灾，会组织逃生和疏散病患及陪护人员。

六、养老机构

典型火灾案例

2015年5月25日，河南省平顶山市康乐园老年公寓发生特别重大火灾事故，起火建筑为不能自理老人场所，事故造成39人死亡、6人受伤，直接经济损失2 064.5万元。火灾原因为不能自理区西北角房间西墙及其对应吊顶内给电视机供电的电器线路接触不良发热，高温引燃周围电线绝缘层、聚苯乙烯泡沫、吊顶木龙骨等易燃可燃材料扩大成灾。

火灾风险特点

（1）安全责任落实存在缺口。部分养老机构未能结合自身实际逐级建立或全面落实消防安全责任制，消防安全管理人为兼职，安全管理能力水平参差不齐。部分养老机构未能将消防安全责任层层落实到岗到人，日常管理存在较多盲区，尤其是未细化落实到岗位末梢。大部分养老机构未按照标准和结合单位实际，针对梳理确定消防安全重点部位，细化落实消防安全"实名制"管理。

（2）火灾诱因多蔓延迅速。养老机构内床上用品等可燃物品多，火灾荷载大；

用电设备多，电线未穿管保护或老化、破损、私拉乱接电线等现象比较普遍，极易导致线路短路、过载等引发火灾；部分老人习惯卧床抽烟，容易引发火灾。

（3）老人逃生能力较差。养老机构居住的多为年迈体弱的老年人，行动迟缓或者无自主行为能力甚至失能，发生火灾时火场产生大量浓烟，老人身体器官机能都处于衰退状态，行动能力受限，很难第一时间逃出火场，少量的烟气摄入量就足以让老人窒息或烟气中毒。

（4）消防设施设置维保欠缺。部分养老机构固定消防设施缺配少配或带病运作现象比较普遍，维护保养未按规范要求实施，设备设施"带病工作"成为消防安全的最大隐患。

（5）防火巡查检查流于形式。部分养老机构日常消防安全检查、防火巡查未明确专职人员，检查巡查职责不明，对设备机房、疏散走道、楼梯间、管道井等堆放杂物，常闭式防火门闭门器损坏或习惯敞开，未保持完好有效或关闭状态，私拉乱接电线和拖线板串接。部分养老机构消防安全检查和日常防火巡查流于形式，检查巡查职责落空。

（6）重点岗位履职能力不强。部分养老机构消防控制室未落实双人持证上岗24小时值班，部分从业人员年龄偏大且消防安全意识淡薄，消防设施操作能力不够，部分养老机构电工业务能力不高，甚至未持证上岗，全凭经验作业，对电气火灾风险认知缺乏。

（7）安全教育培训普遍不足。部分养老机构人员消防安全专业水平、处置能力不能有效满足需求，而且消防培训滞后，护理人员大多消防技能弱，对本岗位火灾危险性认知不足，日常火灾防范意识、初起火灾扑救能力、安全自救互救技能普遍欠缺。

（8）应急处置存在明显短板。大部分养老机构灭火和应急疏散预案未区分白天与夜间及不同重点部位等差异情况，预案和演练流于形式。大部分养老机构未将不具备自主行动能力或行动能力较弱的老人安排底层或低层，无法保证紧急情况下快速安全转移与救援疏散。微型消防站建设运行水平不高，未做到"1、3、5分钟"响应，无法发挥"灭早灭小灭初期"作用。

火灾风险防范

（1）养老机构应严格落实单位消防安全管理主体责任，明确消防安全管理人及其具体消防工作职责，切实强化日常消防安全管理。

（2）养老机构应组织每日防火巡查和定期消防安全自查，重点检查堵塞占用疏散通道，违规占用设备机房、疏散走道、楼梯间和管道井等，以及私拉乱接电气线路，锁闭安全出口及老人卧床吸烟等问题。

（3）养老机构应全面梳理容易发生火灾部位、发生火灾时危害较大部位、对消防安全有重大影响部位，确定为消防安全重点部位，并落实"实名制"管控。

（4）养老机构应加强消防设施维护保养，委托专业技术服务机构对火灾自动报警系统、喷淋系统和消火栓系统、应急照明和疏散指示标志等消防设施开展维护保养，确保完好有效。

（5）养老机构应加强用电安全管理，电气线路敷设应严格按照规范采取穿金属、阻燃导管或采用封闭式金属槽盒等防火保护措施，且严防超负荷用电，并定期开展电气检测。

（6）养老机构应加强用气安全管理，应定期对灶具、管道和阀门等进行检测，发现损坏、老化、变形或磨损等应及时报修或更新。厨房油烟管道应定期清洗，保持洁净。每天厨房结束前要落实专人检查各项用火用电用气设备，严格落实每日"三关一闭"（关水、关电、关气、关闭防火门）管理工作制度。

（7）养老机构消防控制室应严格实施持证上岗制度，微型消防站应配足个人防护和灭火救援器材，加强值班和日常训练，提高初起火灾扑灭能力。

（8）养老机构应加强对吸烟人员的日常监管和有效引导，将有吸烟习惯的人员作为重点人员实施严格的管理教育，严防引发火灾。

（9）养老机构应加强对全员安全培训教育，确保熟练掌握"一懂三会"（懂本场所火灾危险性，会报火警、会扑救初起火灾、会组织疏散逃生）。

（10）养老机构应根据建筑状况和人员分布特点，制定针对不同时段、不同楼层、不同部位和不同对象的灭火与应急疏散预案，并定期开展演练。尤其应针对夜间护理人员较少、老人行动不便等客观情况，制定专门的应急疏散方案，确保夜间时段火灾应急处理能力。

七、文物建筑

典型火灾案例

2024 年 5 月 2 日，河南省开封市河南大学明伦校区一建筑房顶着火，无人员伤亡。着火大礼堂全名为"河南大学河南留学欧美预备学校旧址大礼堂"，2006 年被列为第六批全国重点文物保护单位，大礼堂正是其中一部分。

火灾风险特点

（1）文物建筑自身建筑耐火等级低，多采用木质结构，易燃可燃物多，且建筑密度大，缺少防火分隔，一旦起火迅速蔓延，甚至"火烧连营"。

（2）部分文物场所焚香、觐香、油灯、烛火区周边堆放杂物，与其他可燃物或区域未做有效分隔；在非指定安全区域内烧纸、焚香、使用燃灯等，使用电子香烛未落实安全管控措施；违规吸烟，违规使用明火，违规储存、使用易燃易爆危险品等的明火源风险。

（3）部分文物建筑配电室内堆放杂物，配电箱未与可燃物保持安全距离；在木质构件上直接敷设灯具和电气线路；电气线路敷设不符合要求，电气线路老化、绝缘层破损、线路受潮；部分文物建筑内电气线路未穿管保护；电气线路选型不当、连接不可靠；电气线路、电源插座、开关安装敷设在可燃材料上或未与窗帘、垂幔等可燃物保持安全距离；线路与插座、开关连接处松动，插头与插套接触处松动；选用不符合国家标准、行业标准的电气产品及电气线路；冬季违规采用电暖设备，制冷、除湿、加湿装置长时间通电，未落实安全防护措施；临时加装的亮化灯具、LED 显示屏、灯箱、用电设备超出线路荷载；展示柜内的照明未采用冷光源；未按要求安装防雷设施，防雷设施未定期检测维护并确保完好有效等的电气火灾风险。

（4）部分文物场所电动自行车、电瓶车、电动平衡车等使用蓄电池的交通工具违规在建筑内停放、充电，工作人员将蓄电池带至文物建筑内充电。电动汽车停放、充电未与文物建筑保持安全距离。

（5）文物场所违规采用聚氨酯、聚苯乙烯、海绵、毛毯、木板等易燃可燃材料装饰装修；保护建筑范围内违规搭建易燃可燃夹芯材料彩钢板房；临时演出、大型活动舞台等违规采用易燃可燃材料搭建；经幡、帐幔、伞盖、地毯、锦绣等可燃织物未与明火源及电气线路、电气产品保持安全距离；用于文物修复保护的各类油品、油漆、稀料等易燃化学品未按要求储存使用或违规使用可燃物导致的火灾风险。

（6）部分设置厨房的文保建筑厨房操作间与其他部位未采取防火分隔措施；使用管道燃气的，燃气管线、连接软管、灶具等老化、超出使用年限，未设置燃气紧急切断装置；使用瓶装液化石油气的，钢瓶未安全存放或钢瓶存放量过多；油烟管道未及时清洗；厨房未按标准配备消防设施和器材。

（7）文物场所消防设施设备缺失，部分文物保护单位消防设施配置不全，缺乏必要的报警、喷淋和防雷设施；部分文物保护单位未按标准配置消防器材装备，无法满足扑救初起火灾的需要；部分文保单位消防设施维护保养不到位，存在器械老化、设施损毁等现象。

（8）文物场所重点岗位人员责任不落实，消防安全责任人、管理人的消防安全职责不明确、制度不健全、日常防火检查巡查不到位；部分场所未按规定建立微型消防站，已建成的普遍缺乏必要训练，未与周边消防力量建立联动机制。

（9）文物场所消防宣传教育培训不深入，对场所内人员的培训教育不注重，日常巡查检查中发现的问题整改不及时，应急预案形同虚设缺乏针对性，对消防器材的位置和使用不熟悉，场所人员不了解场所的火灾风险、日常防控和应急处置，不会报警、不会灭火、不会逃生。

火灾风险防范

（1）严格落实消防安全责任制。文物场所应明确消防安全责任人、消防安全管理人和各岗位消防责任人员。文物建筑产权单位或者管理、使用单位应当依法建立并落实逐级消防安全责任制，明确各级、各岗位的消防安全职责。

（2）文物场所应定期组织防火检查和巡查。对存在的火灾隐患落实整改措施、期限和责任人，及时整改。确定防火巡查人员、内容、部位和频次；对易发生火灾事故和易造成群死群伤或重大损失的部位进行重点监控。

（3）文物场所应严格落实防火封堵、防火分隔措施，保障水电管井封堵、库房与其他部位防火分隔落实到位；保障防火分区间防火卷帘、防火门等完整并保持有效运行。

（4）文物场所应加强用火用电用气安全管理，严格火源控制，严禁私拉乱接电线。建筑内的供用电线路应根据国家电气技术标准，采取穿金属管、封闭式金属线槽或者绝缘阻燃 PVC 电工套管保护措施，并安装合格的漏电保护开关。电气设备不得直接安装在可燃物上，并与可燃物保持适当距离。

（5）文物场所应落实消防投入专项资金，按照标准配置消防设施、器材并定期检验维修，确保完好有效。保障疏散通道、安全出口、消防车通道畅通，严禁在安全出口、疏散走道、楼梯间停放电动自行车或者为电动自行车、蓄电池充电。

（6）文物场所应加强员工消防安全教育培训，将消防安全知识纳入员工教育课程，并根据各自实际情况，因地制宜制定详细的应急疏散预案，适时进行疏散逃生演练。

（7）文物场所应严格落实修缮期间施工现场消防安全措施，严禁采用易燃可燃材料进行装修，加强工地安全管理，明确现场安全责任人，严格施工现场用电、动火审批，安全规范用电、动火，电气设施设备要有专人管理并定期检测检修，动火区域要实施防火分隔并与建筑保持安全距离。要结合修缮同步增设改造火灾自动报警、自动灭火、电气火灾监控等消防设施，提高科技创安水平。

（8）文物场所举办活动必须严格落实火灾防范措施，结合自身实际和火灾风险特点，制定应急疏散预案，选择典型火灾场景进行消防演练，提高现场应急处置能力。举办大型活动或仪式时，重点加强火源管理，注意焚香、烛火、纸张等明火管理，确保远离可燃物，并有专人监控。

（9）文物场所应加强微型消防站或专职消防队建设，配齐配足消防器材装备，加强与辖区消防救援站联勤联训，提高应急处置能力。

（10）文物场所举办大型活动或仪式时，必须加强火源管理，制定详细的应急疏散预案。特别要注意焚香、烛火、纸张等明火的管理，确保远离可燃物，并有专人监控。

八、规模租赁住宿场所

典型火灾案例

2017年12月1日，天津市河西区友谊路与平江道交口的城市大厦一公寓发生火灾，造成10人死亡、5人受伤。火灾原因为烟蒂等遗留火源引燃该建筑38层电梯前室内堆放的可燃物燃烧扩大成灾。

火灾风险特点

（1）部分规模租赁住宿场所建设情况相对复杂，由厂房仓库等工业建筑或商场、办公等公共建筑改建而成，建设年代较早，原有消防设计，如建筑消防设施和疏散体系与现行消防技术标准存有很大差距，导致建筑耐火等级低、消防安全设防标准低。

（2）部分规模租赁住宿场所房间面积偏小，疏散走道狭窄，内部装修材料、家具和软装材料增加建筑火灾荷载。

（3）部分规模租赁住宿场所运营方是个人作为市场主体，在消防安全方面的投入和管理明显不足，消防安全管理主体责任缺失，消防安全责任落实不到位。

（4）部分规模租赁住宿场所消防安全管理薄弱，经营单位配备管理人员较少，消防责任意识淡薄，消防安全制度不健全，防火检查巡查制度不落实，消防设施设备配置不全，维护保养不到位，消防设施完好率低。

（5）规模租赁住宿场所居住人员流动大，居住人口密度大，动态火灾隐患突出。人员物品较多，部分物品堆放在疏散通道上，甚至存在电动自行车在楼道或房间内充电现象；租赁户普遍存在不规范用火用电用气现象。

（6）部分规模租赁场所改建在已建成建筑内，相关职能部门对租赁房存在监管盲区，改建施工期间，房屋性质改变、主体经营资质管理、人口管理等方面没有明确的监管职责，在一定程度上导致场所内火灾隐患突出。

（7）部分规模租赁住宿场所未制定灭火和应急疏散预案，或制定但未开展演练，火灾发生后应急处理能力较弱。

（8）规模租赁场所住宿人员安全素质参差不齐、意识淡薄，加之现场消防安全管理力量薄弱且管理缺失等，消防安全问题日益凸显。

火灾风险防范

（1）履行消防安全主体责任。规模租赁住宿场所应明确消防安全责任人、消防安全管理人及其消防工作职责，结合单位实际，建立健全各项消防安全制度。每年应制定消防工作计划，安排落实相应消防安全保障经费，解决消防安全问题。

（2）加强建筑整体消防安全管理。建筑消防设计中应结合灭火救援实际需要设置灭火救援窗，灭火救援窗应设置明显标识。严禁占用消防车道、消防车登高操作场地等，并设置明显禁止占用标识。严禁圈占、遮挡建筑室内外消火栓及水泵接合器等消防设施，并设置醒目禁止标识。

（3）加强租客消防安全管理。规模租赁住宿场所应做好住户入住前消防安全告知提示，以及使用过程中用电等安全监管。严禁在场所内部或疏散走道停放电动自行车和充电，或将蓄电池带入室内存放充电。设置统一的室外充电区域并与建筑保持防火间距。

（4）加强日常消防检查防火巡查。规模租赁住宿场所应当根据实际确定消防安全重点部位，设置防火标志，实行严格管理。单位消防安全责任人、消防安全管理人应定期组织消防检查，落实专人每2小时开展1次防火巡查。应对建筑及其内部场所消防设施器材、电气线路敷设，以及疏散通道、安全出口等进行重点检查与动态巡查，建筑消防设施等故障应立即检修报修，落实整修期间的针对安全防范对策。需要控制人员随意出入的疏散门和设置门禁系统的外门，应保证火灾时不需要使用钥匙等任何工具即能从内部易于打开，并应在显著位置设置使用提示标识。

（5）加强消防安全宣传培训教育。规模租赁住宿场所应对员工进行岗前消防安全培训，定期组织消防安全培训教育，并督促建筑内部场所开展员工消防安全培训，切实掌握消防安全"一懂三会"（懂场所火灾危险性，会报火警、会扑救初起火灾、会组织逃生和自救）基本常识。应在建筑户外视屏、电子屏等滚动播放消防宣传提示内容，并在大厅、电梯、服务台、安全出口等醒目部位，设置消防安全"三提示"内容及疏散逃生路线图。

（6）加强社会服务机构运用。规模租赁住宿场所应聘请相应资质的消防技术服务机构，对建筑消防设施进行检测，根据检测结论落实针对整改。结合实际，委托具有相应资质的消防技术服务机构开展消防设施维修保养，确保完好有效。

（7）运用消防物联网等新技术。规模租赁住宿场所应积极运用消防物联网等新技术对建筑消防设施实行实时监控，及时掌握消防设施完好状况，及时准确处置系统相关信息。

（8）强化日常消防安全值班。规模租赁住宿场所消防控制室值班人员应取得中级及以上国家消防职业资格证书，熟练掌握消防设施操作方法，且每班不少于两人。

（9）加强消防应急体系建设。规模租赁住宿场所应定期开展消防疏散演练和初起火灾扑救演练，确保一旦发生火警，能够及时确认、处置和组织疏散。应根据实际建立微型消防站，设置满足需要的专（兼）职消防队员，配备规定的消防装备器材，组织开展经常性训练，主动联系辖区消防救援站开展业务训练。

九、村民自建出租房

典型火灾案例

> 2019 年 5 月 5 日，广西壮族自治区桂林市一自建民房发生火灾，造成 5 人死亡、6 人重伤、32 人轻微受伤。起火原因为一层停放的电动自行车故障起火引发火灾，高温烟气经楼梯间向上蔓延致人伤亡。

火灾风险特点

（1）农村自建房建筑设计、建造用材等缺乏相应的法规和标准的制约，建筑消防安全设防标准低，且可能存在二次装修分隔，部分装修材料及分隔不满足人员集中居住消防安全条件，建筑结构和建筑材料耐火等级等方面均不同程度地存在着缺陷，房屋自身存在着先天的脆弱性和安全隐患，一旦发生火灾风险较大。

（2）农村自建房在建筑间距方面，为节约土地资源，建筑密度普遍较高，难以达到相关消防技术标准，一旦发生火灾，火势极易迅速扩散，波及周边建筑物。

（3）农村自建房所在区域消防基础设施整体薄弱，普遍无市政消火栓管网接入，尤其是天然水源匮乏区域，火场补水较难，火灾发生后扑救缺水容易扩大蔓延。

（4）农村自建房在改建成出租房后，为追求经济效益的最大化，经营、仓储与住宿、楼梯通道未进行防火分隔；人为分隔破坏原有房屋格局导致建筑内部疏散通道狭窄，影响逃生，设置防盗窗、无窗房间影响辅助逃生，逃生出口缺乏。建筑内部可燃易燃物品较多，甚至部分开设店铺或仓库存货，火灾荷载较大。

（5）农村自建出租房在分隔后建筑内用火用电用气集中且不规范，荷载较大，部分超过原设计荷载，插座数量严重不足、位置不合理，室内电气线路私拉乱接现象较为普遍，线路裸露未穿管、将线路敷设于可燃材料、无漏电保护装置等现象屡见不鲜。一旦用电需求增大或是长期使用大功率电器，线路易过热，导致出现过负荷、短路的情况。

（6）农村自建房改为出租房后，未按照经营类场所的消防要求完善消防器材配备，导致一旦发生火灾，无法及时有效地进行初起火灾的扑救，增加了火灾扩散的风险。

（7）农村自建出租房租住人员居住多为外来务工人员，人员密集且流动性大，缺少消防安全统一管理，消防安全认知薄弱，人员密度高，缺乏安全用火用电用油用气常识，房屋内大量可燃物堆积且占用疏散通道，电动自行车入室充电和飞线充电现象较为普遍，房东管理严重缺位。

（8）农村自建出租房建筑因属于私人居住生活领域，日常部门执法监管消防安全触角难以深度触及。

火灾风险防范

（1）深入开展隐患排查整治。政府相关部门应建立农村自建出租房定期检查摸排机制，引导村民拆除违章搭建，或采取有效措施确保防火分隔，定期开展实地检查摸排、更新底数台账，并将自建出租房消防安全信息要素纳入街镇城运平台。

（2）全面加强消防安全管理。探索建立自建出租房报备管理制度，落实出租人与承租人实行消防安全责任签约承诺制，明确相关消防安全管理要求和工作标准，督促出租人和承租人落实日常火源、电源、安全疏散和防火分隔等风险防范，加大对防盗窗网、电动自行车、燃气等安全管控力度，强化出租房出租人和承租人安全意识，自觉规范日常行为。

（3）加强对公共区域及安全出口管理。禁止在公共走道和底层楼梯间等共用部位堆放杂物，影响安全疏散，教育引导房主不要在门窗上安装固定防盗栅栏，有条件的调整为可开启式防盗栅栏，确保不影响火灾时人员逃生，在自建房出租房集中区域物业管理处配置简易扶梯，发生火灾时便于携带辅助逃生。

（4）强化电动自行车安全管理。通过设置室外集中充电场所或将室内充电区域独立防火分隔，在出租房集中区域统一设置电动自行车充（换）电柜，破解充电难题与安全风险。

（5）引导房主适当平衡房屋出租率，降低居住人口密度，并在安全场所设置功能用房，在底层大厅、公共走道及房间内安装点式火灾报警器，每层配置灭火器材和应急照明、疏散指示标志，提高消防安全设防标准；在室内公共部位安装视频监控，及时发现火灾或违规行为。

（6）督促房主对电气线路进行规范敷设、定期维护保养。引导房主建立租客用火用电用气及消防安全检查管理工作制度，对违反规定不听劝阻的租客解除租赁关系。

（7）将消防安全纳入村委会网格化检查巡查范畴，纳入村约民俗建设，督促房主履行消防安全责任，针对自建出租房的租用人员，利用各种形式开展消防宣传和消防实操定期培训教育。

十、建筑工地

典型火灾案例

2022 年 12 月 2 日，江苏省徐州经济技术开发区某光伏基地项目建设工地发生火灾，造成 5 人死亡、2 人受伤，直接经济损失 1987.83 万元。火灾原因为施工现场遗留火种引燃可燃建筑垃圾和余料导致火灾事故发生。

火灾风险特点

（1）重点岗位安全责任不落实。建筑施工单位消防安全责任体系未建立或不健全，总包单位对分包单位管理失控、以包代管、包而不管，分包单位层层分包的现象比比皆是。有的建筑工地未建立消防安全组织，未明确消防安全管理人员，未落实消防安全管理制度。

（2）施工人员安全意识淡薄。施工现场临时员工多，流动性强，安全素质参差不齐，部分施工人员消防安全意识淡薄，容易在施工过程中违规操作而造成火灾事故。

（3）现场施工动火作业频繁。施工现场堆放木板、聚氨酯泡沫等建筑材料，建筑工地进行电焊、气割等动火作业频繁，操作不规范容易引燃附近的可燃、易燃物造成火灾事故。

（4）施工现场用电不规范。临时用电多，电气线路敷设不规范，私拉乱接电气线路、超负荷用电等情况容易引发火灾，电气火灾风险较大。

（5）既有建筑扩建、改造、装修的火灾风险大。若施工区域与其他正常使用区域未进行有效的防火分隔，发生火灾极易引燃屋顶、夹壁、洞孔或通风管道的可燃保温材料，施工场所会增大整栋建筑的火灾风险。

（6）施工现场消防设施器材配置不到位，临时消防设施的配置往往跟不上施工进度，出现消防设施配置不到位的现象。

（7）现场消防培训教育不到位。建筑工地的流动性导致部分工人在未经过岗前消防安全培训，未掌握基本的消防设施使用技能和逃生自救知识，用火用电用气不规范甚至成为火灾的"肇事者"。

火灾风险防范

（1）落实消防安全主体责任。按照"管行业必须管安全、管业务必须管安全、管生产经营必须管安全"的要求，全面履行建筑工地消防安全管理主体责任，督促现场各施工单位（土建、安装、装修等）在各自范围内具体落实消防安全管理要求，定期主动排查、分析、整治不同施工进度、不同施工时段消防安全风险与火灾隐患，层层签订消防安全责任书，逐个区域明确消防安全管理责任人、负责人及其具体责任，切实层层落实消防安全责任制，集中整治突出问题，全力防范化解消防安全风险。

（2）建立健全消防安全制度。针对不同施工现场应建立和完善具体消防安全管理制度，建立消防安全治理组织网络，明确消防工作责任体系，重点针对危险化学品管理、用电用气安全管理、动火作业审批及日常消防安全检查等重点环节明确管理制度、审批流程和奖惩措施，并定期牵头开展防火巡查和日常检查，及时消除火灾隐患，并跟踪督办隐患整治结果，切实形成消防安全管理工作闭环。

（3）加强用火用电用气管理。建设单位应对电焊、气焊等关键岗位的施工人员加强管理核查，必须确保人员持证上岗，进行动火、动焊作业时，应严格审批并采取可靠的防护措施，落实人员监护和应急准备。建筑工地内应在安全位置集中设置吸烟点，严禁在重点风险区域吸烟。工地宿舍、厨房要重点强化临时敷设的电器线路安全管理，落实穿管、漏电、短路等保护措施，确保万无一失。加强现场易燃易爆气体安全管理，按照规定存量储存，并保持相应安全间距。

（4）确保临时消防给水系统。建设单位应在施工现场、员工宿舍及物料堆场等重点场所或其附近，按照消防技术标准设置稳定、可靠的水源，尤其要确保临时消火栓流量和压力，并定期落实维护保养，保持完好有效，确保满足施工现场灭火临时消防用水需要。

（5）配置足够消防器材。建筑工地必须按照国家有关规定配备消防砂、灭火毯和手提式干粉灭火器等消防器材，各种消防器材一定要放在明显和方便提取的位置并张贴"消防用品，不得挪用"的明显标志，安排专人负责维护并持续加强演练。各施工现场、临时用房、员工宿舍及物料堆场均应按要求配备灭火器、灭火毯或应急沙袋。高层建筑工地应根据建筑进度，设置永久或临时消防竖管，并在每层设置消火栓口及配置水带和水枪。

（6）保证消防车通道畅通。建设单位应根据工程进度，为建筑工地的施工现场、临时用房及可燃材料堆场动态设置消防车通道，留足疏散逃生通道，充分满足防火、灭火及人员疏散要求，并设置禁止占用等警示标识，确保消防车道、疏散通道及救援场地畅通无阻。

（7）加强现场电动自行车管理。施工单位应统一规范设置电动自行车集中停放充电场所，并与既有建筑和在建建筑至少4.0 m安全间距，按照相关规范设置消防设施器材和视频监控等，并成组布置，但间距原则上不超过 25 m，超过应采用不燃材料或难燃材料设置防火分隔。

（8）加强消防宣传和培训。施工单位作为施工现场消防安全的责任主体方，要对员工进行安全教育和培训，对施工人员进行岗前和常态化消防安全培训，新入职员工必须培训合格后方可上岗。在建立健全消防安全制度的基础上，将消防安全宣传教育贯穿工程施工进程当中，在建筑工地醒目位置、重点部位张贴消防安全标语、海报，持续加强警示提醒，组织施工工人集中对施工现场消防安全知识和法律法规进行学习，掌握基本的防火和灭火常识、明确各自的职责和责任，掌握负责区域火灾应急处置技能，熟练使用消防设施器材，全面提升全员消防安全意识和技能，及时消除火灾隐患，确保工地消防安全。

十一、中小学校及幼儿园

典型火灾案例

2024 年 1 月 19 日，河南省南阳市英才学校一宿舍发生火灾，事故造成 13 人遇难、4 人受伤。

火灾风险特点

（1）学校是人员密集场所且学生逃生自救能力较弱，一旦发生火灾，极易造成群死群伤的严重后果。学校火灾发生后，造成的影响巨大，也给社会稳定造成极大的影响。

（2）学校火灾易发时间多在夜晚，易发部位为学生宿舍，人员疏散混乱，极易造成找不到逃生出口而酿成灾难的后果。

（3）电气火灾是学校火灾主要原因，用火不慎、使用蚊香不当、违规动火是火灾高发的原因之一，宿舍是学校火灾发生的高频场所。

（4）学校师生员工缺乏逃生自救训练，有的学校很少或从来没有系统组织对师生员工的防火安全、应急疏散和逃生自救教育培训，遇到火灾就会惊慌失措，局面失控。

（5）部分学校建筑和设备老化现象严重，容易引发火灾。学校教室、宿舍、图书馆等重点场所内电器设备负荷增加，实验室内存放一定的化学试剂，实验室操作人员违反操作规范、操作不当、操作不慎或仪器使用不当等问题。

（6）食堂厨房中使用明火烹饪，如炉灶、明火炒菜等容易引发火灾。长期油烟堆积可能导致油烟管道堵塞，增加了火灾发生的风险和概率。

火灾风险防范

（1）中小学校、幼儿园应当建立逐级和岗位消防安全责任制，明确消防工作归口管理部门，细化各部门和教职员工、保安、厨房工作人员、宿舍管理员、电工、消防控制室值班操作人员等岗位人员的消防安全责任。学校实验室应制定并落实危险化学品储存、管理和使用安全制度，明确实验室教学环节安全操作管理责任。

（2）中小学校、幼儿园应当依法办理建设工程消防设计审查、消防验收和备案抽查手续，严禁擅自改变建筑使用功能及用途。学生宿舍、幼儿园儿童用房严禁设置在地下室或半地下室，幼儿园儿童用房严禁设置在四层及四层以上。与其他建筑合建的中小学校、幼儿园应使用耐火性能符合要求的砖墙、楼板和防火门（窗）与建筑内的其他场所进行分隔。电缆井、管道井应当按照规定进行防火封堵。中小学校、幼儿园室内装饰装修材料的燃烧性能应从严控制，并符合相关技术规定，严禁使用易燃、可燃板材、彩钢板搭建建（构）筑物、分隔房间。

（3）中小学校、幼儿园电气线路、燃气管路的设计、敷设应由具备电气设计施工资质、燃气设计施工资质的机构或人员实施，应采用合格的电气设备、电气线路和燃气灶具、阀门、管线，并定期检查。学生宿舍应安装限电保护装置。严禁在学生宿舍、幼儿园儿童用房内使用蜡烛、蚊香、火炉等明火和电热器具、电磁炉、热得快等大功率电器，发现学生、儿童携带打火机、火柴等火源的应予以没收。电动自行车、平衡车及其蓄电池严禁在公共门厅、楼梯间、疏散走道、安全出口及室内停放、充电。电缆井应当按照规定进行防火封堵，严禁在配电箱周围、变配电室、电缆井和管道井内放置可燃物品。厨房油烟管道应至少每季度清洗一次。

（4）中小学校、幼儿园应当建立落实动火审批制度，电焊、气焊、切割等明火作业应当办理动火审批，清理现场可燃物，并落实现场安全监护措施。电气焊作业人员应当持证上岗。施工现场动火作业、带火花作业时，严禁与具有火灾、爆炸风险作业交叉进行。中小学校、幼儿园各功能建筑场所在正常教学、自习、就餐、作息期间，严禁动火施工作业。

（5）中小学校的教学楼、图书馆、食堂、集体宿舍，以及幼儿园的儿童用房每层应至少有 2 个安全出口、2 部疏散楼梯，且不应与其他功能区域相互借用，并按标准配备消防应急照明和疏散指示标志。安全疏散距离不符合要求的，还应增设安全出口和疏散楼梯。学生宿舍每层应设置声光报警装置或消防应急广播。设置在高层建筑内的幼儿园应设置独立的安全出口、疏散楼梯。中小学校的教学楼、图书馆、食堂、集体宿舍和幼儿园严禁在门窗上设置影响逃生和灭火救援的障碍物。严禁占用、堵塞、封闭疏散楼梯和安全出口。男女生混用或其他特殊使用的宿舍楼，为管理需要采取的分隔设施和门禁系统，必须保证紧急情况下能够立即通过自动和现场双向手动两种方式开启。

（6）中小学校、幼儿园应当按照国家规定配置消防设施器材，定期维护保养检测，确保完整好用。学生宿舍或午休室必须安装火灾自动报警系统或者具有联网功能的独立式火灾探测报警器。消防控制室值班人员应当取得中级消防设施操作员证书，并实行 24 小时双人值守。

（7）中小学校、幼儿园应定期开展教职工、安保人员消防安全培训。宿舍管理员应接受专题消防安全培训，必须具备火灾报警、扑救初起火灾和组织学生儿童疏散逃生的能力。中小学校、幼儿园应当结合学生、儿童的年龄和认知特点，组织开展以用火、用电、火灾报警和逃生自救为主的消防安全培训教育，使其掌握必要的消防安全常识。

（8）中小学校、幼儿园应针对学生儿童认知特点和建筑场所具体情况，制定符合实际的灭火和应急疏散预案，区分白天、夜间情况，明确责任分工、值守人员最低配置数量和应急处置程序。中小学校、幼儿园应建立微型消防站（志愿消防队），每学期至少组织教职工、安保人员和学生儿童开展1次全员消防演练，能够做到发生火灾第一时间拨打"119"火警，1分钟快速响应、3分钟有序组织疏散、5分钟初起火灾扑救力量到场扑救。

（9）中小学校、幼儿园夜间实行封闭管理的学生宿舍，应结合住宿人员数量、教职工值班安排制定专门的夜间预案，严格落实夜间值班值守要求，采取有效技术措施和管理措施，确保紧急情况下学生能够快速疏散。

（10）中小学校、幼儿园的消防安全责任人或管理人应当每月至少组织开展一次防火检查，安排专人开展每日防火巡查，及时处理检查发现问题，严格落实整改和防范措施。寄宿制学校和寄宿制幼儿园必须根据学生儿童数量，安排足够比例专职宿管员24小时值班，夜间每2小时巡查1次。

十二、电动自行车充电停放场所

典型火灾案例

2024年2月23日，江苏省南京市雨花台区明尚西苑6栋发生火灾，导致15人死亡、44人受伤住院。据媒体报道，火灾原因为该楼地面架空层电瓶车停放处起火引发，电动自行车电池在架空层起火爆炸，被高层住宅竖井多、烟气蔓延快、施救困难等火灾特点叠加放大，导致火灾蔓延。

火灾风险特点

（1）电动自行车使用锂电池的占比最高，电动自行车火灾的最大问题是锂电池问题，锂电池由于其物化特性，使用过程中过热、过充、内部短路、碰撞等因素均易导致火灾事故发生，锂电池本质安全未得到根本解决，部分改装和超标电池仍在使用，随时可能引发火灾，目前开展的全链条整治虽有成效，但存量问题锂电池消化仍需较长一段时间。

（2）电动自行车改装现象比较普遍，充电设备良莠不齐，不良使用现象难杜绝，使用不适应工况的充电设备，是电动自行车电气线路火灾事故的一大诱因，加之季节性潮湿高温多雨，造成充电环境潮湿，因此带来的充电器老化、损坏导致的消防风险增加。

（3）不规范充电行为很难根治，部分群众以贪图方便为主因，加之充电设施总体建设仍处于不平衡状态，飞线充电、电池入室、楼道停放甚至充电等现场屡禁不止。

（4）部分区域受场所影响，集中停车区域与建筑之间的防火间距无法满足规范要求。部分地下、半地下电动自行车停车库通向疏散楼梯间的防火门做不到关闭状态，一旦电动车发生火灾，有毒烟气易蔓延至疏散楼梯间。

（5）电动自行车登记上牌后缺乏有效追踪管理，维修端管理失范，导致电动自行车非法改装缺乏治理抓手。

火灾风险防范

（1）合理选址建造。电动自行车棚设置应最大限度远离建筑物，不得与甲、乙类火灾危险性厂房、仓库、文物保护建筑贴邻或组合建造，不得占用建筑的防火间距、消防车道、消防车登高操作场地，不得影响建筑室内外消防设施、安全疏散设施的正常使用，必须远离燃气管道。

（2）保持安全距离。电动自行车棚的凸出场地外缘（含防风雨棚）应与相邻建筑的外墙之间保持一定的安全距离，电动自行车停车棚与单多层建筑的距离不小于 3.5 m，与高层建筑距离不小于 4 m，不得毗邻建筑的外墙门、窗、洞口等开口部位及安全出口。确有困难需贴邻建造的，应贴邻不燃性且一定范围内无门、窗、孔洞的防火墙或采取可靠的防火分隔措施，减少火势向建筑蔓延的风险。

（3）车辆分组管理。电动自行车棚内的停车位应分组布置，根据地区实际确定每组长度或停车位数量，实行划线和分隔管理。组之间应设置一定的防火间距，或采用修筑矮墙、设置耐火极限不低于 1.00 h 的隔板进行防火分隔。车棚应使用不燃、难燃材料，不得使用聚苯乙烯、聚氨酯泡沫等燃烧性能低于 A 级的材料作为隔离保温材料或作为夹芯彩钢板芯材搭建。

（4）严格电气安全。电动自行车棚应安装具有定时充电、自动断电、故障报警等功能的智能充电设施。每个输出回路除应设置过载、短路、过电压保护功能外，还应设置剩余电流保护功能。室外安装的配电箱应安装电涌保护器，每个充电车位应设置 1 个充电插座，充电插座应采用二孔加三孔 10 A 插座。充电区域设置的配电箱及其输入、输出电源管线应安装在不燃材料上，配电箱应设置在充电区外的主出入口附近。车棚内充电线路、照明线路应分路设置并穿管保护，严禁使用大功率照明灯具，严禁私接电线"飞线充电"。

（5）完善消防设施。电动自行车棚可以根据环境条件、占地面积等因素和实际需求，因地制宜设置火灾自动报警器、室外消火栓等或简易喷淋设施，配置灭火器、灭火毯和快速移车装置等器材。组建电动自行车火灾快速处置志愿消防组织，完善应急处置预案，规范处置程序，加强日常演练，做到一旦发生火灾能够灭早、灭小、灭初期。

（6）加强监测预警。具有一定规模的电动自行车棚应当安装具有自动识别、预警功能的 24 小时视频监控系统，图像能在消防控制室、值班室实时显示和存储。鼓励安装电气火灾监控系统，实现电气火灾自动监测预警。

（7）强化日常管理。电动自行车棚的建设、管理或业主单位应当每日组织开展防火巡查、夜间巡查，每月对车棚的充电设施、消防设施等设施设备开展一次检查，及时通知专业人员维修、维护。对电动自行车占堵消防通道、安全出口、私接电线充电、长时间过度充电等行为及时进行劝阻，及时清理久放不用的"僵尸"车辆。利用社区宣传栏、楼宇电视、户外大屏等载体，常态化开展电动自行车火灾案例警示性宣传和消防安全科普教育。

（8）强化设施建设。在外卖、快递网点集中区域，因地制宜设置换电柜等设施，切实解决行业充电突出社会需求。对人员密集场所公共走道、楼梯间停放充电违法行为，通过加装电梯梯控装置，借助科技手段，杜绝电动自行车上楼入室充电行为。加大对辖区电动自行车销售、维修网点安全检查，查处"三合一"及改装加装电瓶非法行为。

十三、多业态混合经营场所

典型火灾案例

2024年7月17日，四川省自贡九鼎百货大楼发生火灾，造成16人死亡。起火原因为装修施工人员动火切割作业时引燃下方可燃物。这是一起典型的违规动火作业导致群死群伤火灾案例。

火灾风险特点

（1）多业态混合生产经营场所产权复杂，经营业态多，责任主体不明确，消防安全组织不健全，日常消防安全管理主体责任难以落实。

（2）部分多业态混合生产经营场所建筑房龄长，年代久远，消防安全设防标准低且不适应新的业态变化。

（3）部分多业态混合生产经营场所经营管理不善，消防安全投入不足，消防设施器材日常维护保养不足，消防设施不能正常使用，无法实现火灾的早期预警和初期处置。

（4）多业态混合生产经营场所分租普遍、转租频繁，容易形成"房中房""店中店"，出现商铺违规住人、违规施工作业等情况，安全隐患极大。

（5）多业态混合生产经营场所人员构成复杂、流动性大，对场所内疏散道路不熟悉，逃生自救能力不强。场所人流量大，内部违规设置的临时摊位经常堵塞疏散通道，场所内违规吸烟、使用明火等行为普遍，发生火灾时，极易造成人员伤亡。

（6）部分场所安全疏散、防火分隔、消防设施在装修过程中受到人为破坏，场所内用火用电用气不规范，日常装修动火作业频繁且缺少安全管理，引发火灾的风险极高。

火灾风险防范

（1）落实主体责任。全面落实各租赁业主的消防安全管理责任、制度制定与运行，对有两个以上产权单位、使用单位的多业态混合经营场所，应明确一个产权单位、使用单位，或者共同委托一个委托管理单位作为统一管理单位，并明确统一消防安全管理人，对共用的疏散通道、安全出口、建筑消防设施和消防车通道等实施统一管理。同时协调、指导各单位共同做好消防安全管理工作，确保消防安全有人抓、有人管。

（2）严格防火分隔。住宿与生产储存经营合用的商住场所，商铺店面与居住区域应使用防火隔墙、防火隔板、防火门等进行完整分隔；居民住宅管道井、电缆井应严格落实防火封堵要求、不得堆放可燃物。

（3）保障安全疏散。商住场所住宿与非住宿部分应设置独立的疏散设施；商住场所外窗不应设置金属栅栏，必须设置时，应开设易于从内部开启的逃生窗口，户外广告牌不得影响外窗逃生；严禁电动自行车室内停放充电、严禁在疏散通道、楼梯间、安全出口等堆放可燃物，严禁营业期间安全出口门上锁，常闭式防火门保证功能完好且处于常闭状态。

（4）严禁违规搭建。商住场所的商铺店面不得设置夹层用于人员住宿；商住场所和小经营场所严禁采用易燃可燃彩钢板搭建临时建筑用于住宿、经营和仓储，严禁违规使用易燃可燃材料装饰装修；小经营场所严禁设置影响疏散区域自然排烟的顶棚、雨篷等。

（5）安全用火用电。商住场所和小经营场所经营区域电气线路应设置漏电保护装置，无人看守时不得焚香、点蜡、烧纸，电气线路、移动插座等不得直接安装、设置在可燃物上。

（6）严查违规动火。明确专人负责动火审批、现场监管、检查留守等工作，督促发包单位对承包单位及其员工的从业资质资格、教育培训情况进行审查，签订专门安全协议，并明确双方安全生产和消防安全管理的职责义务。人员密集场所营业期间严禁动火作业，严防小火酿成大灾。

（7）配备消防设施。商住场所的住宿与非住宿部分应设置独立式感烟火灾探测报警器、配备灭火器，有条件的可安装简易喷淋等设施；小经营场所应按照标准配备消防设施器材，并确保完好有效。

（8）建立保养制度。确立各运营单元对消防设施器材的日常维护保养界面和责任，确保疏散通道和安全出口畅通、消防设施完好有效、消防控制室等重点部位专人值守。

（9）强化安全提示。充分利用各种宣传手段广泛普及火灾防范常识，开展针对性消防安全教育培训和应急疏散演练，开展"出真水、灭真火"实操训练。

十四、九小场所

典型火灾案例

2024年8月23日，江苏省宿迁市某小区一沿街电动自行车销售门店发生火灾，过火面积约200 m²，造成4人当场死亡、2人经抢救无效死亡。

火灾风险特点

（1）"九小场所"是指消防安全重点单位以外的小学校（幼儿园）、小医院、小商场、小餐饮场所、小旅馆、小歌舞娱乐场所、小网吧、小美容洗浴场所、小生产加工企业等场所。

（2）场所所在建筑防火设计存在先天不足。部分场所存在生产、存储、居住为一体的"三合一"现象，家庭式作坊导致生产区、作业区与存储、住宿区未做任何防火分隔措施；部分场所为了扩大经营面积违章搭建，搭建材料采用可燃易燃的建材建筑；部分场所存在物品任意堆放，占用公共疏散安全通道、堵塞消防安全出口等现象。

（3）场所内电器设备安装、电气线路等不符合消防技术标准。有的场所线路铺设在可燃物上未穿阻燃管保护、私拉乱接拖线板串接、接线不规范等现象比较普遍，存在着用电超负荷现象；部分场所营业区和仓库区使用明火或大功率电器、非营业时间不关闭非必要的电器设备等现象，上述现象是火灾高发的原因之一。

（4）场所内使用液化石油气钢瓶，管路、接头、阀门等存在老化和脱落，密封圈、橡胶软管等老化、腐蚀、龟裂或破损，用气器具和供气系统采用软管连接，钢瓶长期处于暴晒状态，燃气泄漏存在着火灾风险。

（5）部分场所存在电动自行车或电瓶在室内或走道违规停放充电的现象。

（6）多数场所内的从业人员较少，有一家一户、有多人合租等，从业人员普遍缺乏消防安全意识、基本的消防常识和自防自救能力，防火灭火意识差，常因无意中的行为引发火灾事故。

（7）疏散通道、安全出口数量不足或被占用，逃生窗口被封死，有的甚至将消防车通道和安全出口占用，或者原本就没有设置消防通道。

（8）消防器材设施形同虚设，未能发挥其灭火作用。部分场所灭火器配置数量严重不足选型混乱，放置位置不明显，缺少定期维护保养。

火灾风险防范

（1）严格按照消防规范要求设计、建造和装修，确保建筑的耐火等级保持不变，防火分区设置不受影响，场所应急出口与居民住宅的安全出口应当分开设置，建筑材料和装饰材料严禁使用可燃材料。

（2）规范安装和使用电器线路、设备，应由持有电工证的电工负责对电气线路、设备的维修管理，定期对所有电气线路进行绝缘检测和检查，及时更换老化破损及绝缘不良的线路，不超负荷用电。

（3）严禁违规安装电器产品、燃气用具及其线路、管路，使用易燃或可燃材料夹芯板装修、隔断。用火用电用气管理规范，严禁在营业期间进行动火、焊割等有火灾危险性的作业；无乱拉乱接电气线路；大功率电器线路应单独穿管敷设；电线不得使用接线板多次串联；油烟机应定期清理，保持整洁。人走时必须"关火、关电、关气"。

（4）规范设置并管理维护好疏散安全指示标志和火灾应急照明，选用合格产品并规范安装，定期检查测试，保证其在断电或事故状态下发挥作用。保持疏散通道畅通，疏散通道、安全出口不得堆放物品或设置影响人员疏散的装置，严禁堵塞或上锁。窗洞作为备用的逃生出口严禁封堵，增强人员在发生火灾后逃生第一的安全意识。

（5）加强消防设施器材管理维护，消火栓及灭火器等应配置完整并定期进行维护检修，严禁装修、柜台、货架、商品等遮挡消火栓和灭火器及其标志或影响其使用。

（6）加强内部管理，严禁在场所内吸烟或使用明火和大容量电器，尽量减少场所内的货物库存，严禁在场所内为电动自行车充电和"三合一"现象，严禁货物乱堆乱放，严禁违法违规储存、经营、使用易燃易爆危险物品。

（7）加大"九小场所"从业人员的消防安全教育力度，定期开展形式多样的消防安全宣传教育和逃生训练。全体员工做到"一懂四会"，既懂本场所火灾危险性，会报火警、会检查火灾隐患、会扑救初起火灾、会组织疏散逃生。

（8）建立长效管理机制，在日常监督管理中严把监督关，采取积极可靠的防火措施。引导"九小场所"经营方加强日常自主管理，严格遵守相关消防法律法规，自觉加强日常用火用电用气及吸烟等安全管理，以确保"九小场所"的消防安全。